U0558515

李叔同的禅修智慧

张笑恒◎著

台海出版社

图书在版编目(CIP)数据

李叔同的禅修智慧 / 张笑恒著. —北京:台海出版社,2016.5

ISBN 978-7-5168-1029-3

Ⅰ.①李… Ⅱ.①张… Ⅲ.①李叔同(1880-1942)-人生哲学

Ⅳ.①B949.92

中国版本图书馆 CIP 数据核字(2016)第 118476 号

李叔同的禅修智慧

著　　者:张笑恒

责任编辑:王　萍

装帧设计:虞　佳　　　　　　版式设计:通联图文

责任校对:晁　凡　　　　　　责任印制:蔡　旭

出版发行:台海出版社

地　址:北京市朝阳区劲松南路 1 号　　邮政编码:100021

电　话:010-64041652(发行,邮购)

传　真:010-84045799(总编室)

网　址:www.taimeng.org.cn/thcbs/default.htm

E-mail:thcbs@126.com

经　销:全国各地新华书店

印　刷:北京柯蓝博泰印务有限公司

本书如有破损、缺页、装订错误,请与本社联系调换

开　本:710mm×1000 mm　　　1/16

字　数:200 千字　　　　　　印　张:17

版　次:2016 年 9 月第 1 版　　印　次:2016 年 9 月第 1 次印刷

书　号:ISBN 978-7-5168-1029-3

定　价:38.00 元

版权所有　翻印必究

前　言
Preface

　　长亭外，古道边，芳草碧连天。

　　晚风拂柳笛声残，夕阳山外山。

　　天之涯，地之角，知交半零落。

　　一壶浊酒尽余欢，今宵别梦寒。

　　这首《送别》，被誉为20世纪最优美的歌词，出自弘一法师之手。弘一法师是中国近百年文化发展史中的传奇人物，也是学术界公认的通才和奇才。作为中国新文化运动的先驱者，他最早将西方油画、钢琴、话剧等引入国内，且以擅书法、工诗词、通丹青、达音律、精金石、善演艺而驰名于世。

　　弘一法师的前半生是富家公子，过着锦衣玉食的生活；后半生出家，面对古佛黄卷，过着苦行僧生活。然而无论是在红尘俗世，还是遁入空门，弘一法师都取得了别人无法企及的成就。他的高尚情怀更是令人高山仰止，心向往之。

　　在皈依佛门之后，弘一法师笃志苦行，成为世人景仰的一代佛教宗师。他被佛教弟子奉为律宗第十一代世祖。在佛学思想研究方面，弘一法师自然也做出了自己的成绩。对此，林子青概括说："弘一法师的佛学思想体系，是以华严为镜，四分律为行，导归净土为果的。也就是说，他研究的是华严，修持弘扬的是律行，崇信的是净土法门。他对晋唐诸译的《华严经》都有精深的研究。曾著有《华严集联三百》，可以窥见其用心之一斑。"

　　入佛初期，弘一法师除阅读僧人必读的经典之外，其进修博览而广纳。弘一法师说："我平时对于佛教是不愿意去分别哪一宗、哪一派的，因为我觉

1

得各宗各派，都各有各的长处。"他主张要博采众家之长。

弘一法师对佛学的贡献，主要体现在他对律宗的研究与弘扬上。弘一法师为振兴律学，不畏艰难，深入研修，潜心戒律，著书说法，实践躬行。中国佛教律学，故译有四大律，即《十诵律》、《四分律》、《摩诃僧祇律》、《五分律》。为弘扬律学，弘一大师穷研《四分律》，花了4年时间，著成《四分律比丘戒相表记》。此书和他晚年所撰的《南山律在家备览略编》，合为精心撰述的两大名著。

出家之后，弘一法师了断尘缘，超然物外，把全部的精力都用在了对律宗的研修和弘扬上。出家之前的热闹繁华和出家之后的冷清孤独，使弘一法师对人生有了更深的感悟，他曾经感叹："人如花，不久时；人如萍，无定处；人如烟花，现一时；人总归于一己，踏五大；人至山巅无他路；自古圣贤皆寂寞，悲欣交集谁了然？"

弘一法师还是一个以出世之心做入世之事的人，他把自己的人生感悟告诉世人，以期对大家的人生有指导作用。

弘一法师为世人留下了咀嚼不尽的精神财富，他的一生充满了传奇色彩，他是中国绚丽至极归于平淡的典型人物。太虚大师曾为赠偈："以教印心，以律严身，内外清净，菩提之因。"赵朴初先生评价大师的一生为："无尽奇珍供世眼，一轮圆月耀天心。"

编著本书的目的，就像弘一法师在《改过实验谈》中所说的："谈玄说妙，修证次第，自以佛书最为详尽。而我等初学之人，持躬敦品、处世接物等法，虽佛书中亦有说者，但儒书所说，尤为明白详尽，适于初学。故今多引之，以为吾等学佛法者之一助焉。"

目 录
Contents

第一课

消弭:先要除去对佛的误解

1.人生为何是苦?

在大多数人的印象中,佛教的底色是悲苦,认为"人生是苦"。有的人嘴里整天挂着"人生真苦啊,真不容易啊",有的人把"苦"字联想成了人的脸,眉毛和眼睛是草字头,鼻子是中间的十字,嘴巴就是下面的口。人们也因此认为,佛教倡导的人生态度是消极悲观的,这是对佛教最常见的一种误解。

佛陀说"人生是苦",但其所说的"苦"有专门的意义。佛教中的"人生是苦",不是我们常人所认为的生活艰苦,而是指"无常之苦"。社会上不了解佛教的人也都多半会以此为根据,把"消极"、"悲观"安放到佛教的头上。

弘一法师在《切莫误解佛教》中,对"人生是苦"作了解释:"佛指示我们,这个人生是苦的,不明白其中真义的人,就生起错误的观念,觉得我们的人

1

生毫无意思，因而引起消极悲观，对于人生应该怎样努力向上，就缺乏力量，这是一种最为普遍的误解。社会经常拿这个消极悲观的名词，来批评佛教，而信仰佛教的人，也每陷于消极悲观的错误。其实'人生是苦'这句话，绝不是那样的意思。"

佛指示我们"人生是苦"，然而这个所谓的苦，不是指生活的艰苦、艰难。那么，佛说"人生是苦"究竟是什么呢？这个苦是指"无常之苦"。一切皆无常，一切皆会变化，佛就以无常变化来代表人生的苦。譬如再健康的身体，也会有慢慢衰老病死的一天；再有钱的人，也会有身无分文的一天；再有权位势力的人，也会有无权无势的时候。以变化无常的情形看来，虽有喜乐，但不永久，不彻底，当变化时，苦痛就来了。所以佛说"人生是苦"，苦是有缺陷，不永久，不彻底的意思。

有的人，如不了解真义，以为人生既不圆满又不彻底，就会产生消极悲观的态度，这是不对的。真正懂得佛法的人，看法就一定不同，佛家倡导"人生是苦"，是要我们知道现在这人生是不彻底、不永久的，是要我们以后去造就一个永久圆满的人生。好比病人，只有先知道自己身体不适，才会请医问药，这样病才能除去，身体才会恢复健康。

凡是一种境界，我们接触的时候，生起一种不合自己意趣的感受，引起苦痛忧虑，如以这个意思来说苦，说人都是苦的，是不够的，为什么呢？因为人生也有很多快乐的事情，听到不悦耳的声音固然讨厌，可是听了美妙的音调，不就是欢喜？身体有病，家境困苦，亲人别离，当然是痛苦，然而身体健康，经济富裕，阖家团圆，不是很快乐吗？无论什么事，苦乐都是相对的，假如一遇到不如意的事，就说人生是苦，岂非偏见了。

弘一法师说："为什么人生会有不彻底、不永久的苦痛呢？苦痛一定有其原因所在，而知道了苦的原因，就会尽力把苦因消除，就会得到彻底圆满的安乐。所以佛不仅说人生是苦，还说苦有苦因，把苦因除了就可得到究竟安乐。把这不彻底不圆满的人生改变过来，就能有一个究竟圆满的人生。这个境界，佛法叫做'常乐我净'。"

"常"是永久，"乐"是安乐，"我"是自由自在，"净"是纯洁清净，这四个字合起来，就是永久的安乐，永久的自由，永久的纯洁。佛教最大的目标，不在于说破人生是苦，而在于将这苦的人生改变过来，造就一个永久安乐、自由自在、纯洁清净的人生。

佛祖想要悟出人生的真谛拯救众生，他就坐在菩提树下冥思静想。经过七七四十九天的苦思冥想后，佛祖终于觉悟，并总结出人生观的四大真谛。

苦谛：人生是苦，是佛教对人生的认识。

集谛：人痛苦的根源来自于贪欲，是佛教对人生痛苦的分析。

灭谛：人只有摆脱贪欲，才能摆脱痛苦，是佛教导人们怎样才能摆脱痛苦。

道谛：是佛教导人们摆脱痛苦获得解脱的方法。

"四谛"概括了两重因果关系：集是因，苦是果，是迷界的因果；道是因，灭是果，是悟界的因果。"四谛"是人生的一把钥匙，能解开生命的烦恼。佛教认为宇宙是虚幻的、暂时的、空性的，世界上没有永恒不变的事物。一件再珍贵的东西，一旦损坏了，就失去了它原来的价值，若执著于它的过去，不能认识到它本来的空性，就会伤心、痛苦。人们应该在拥有它的时候珍惜它、爱护它，一旦失去了，也要看得开，这样就会没有烦恼。

"人生是苦"有着积极的意义。只不过这种积极意义产生在我们对于现实处境的正确认知之后。单从表面上看，人生怎么会是苦的呢？人生中也有很多快乐的事情。美妙的音乐，美好的食品，香醇的葡萄酒，假日里浪漫的旅游，一篇优美的诗歌，花前月下的誓言……美好的事物有太多，我们都数不过来了，这些怎么会是痛苦的、悲苦的、哀苦的事物呢？人生的确是苦，但佛教的目的是教人化苦为乐，是教人们如何迈向积极的、向上的、健康的、快乐的人生道路。

弘一法师说："虽然学佛的人不一定能够做到每个人都到得了这顶点的境界，但知道了这个道理，真是好处无边。如一般人在困苦的时候，还知努力为善，等到富有起来，一切都忘记，只顾自己享福，最终糊里糊涂地走向错路。学佛的人，不只是在困苦时知道努力向上，就是享乐时也会随时留心，因为快乐不是永久可靠的，不好好向善努力，很快会堕落失败。'人生是苦'，可以警觉我们不至于因专门研究享受而走向错误的道路，这也是佛说'人生是苦'的一项重要意义。"

有人说"人生一世，草木一秋"，人的生命如草木一样有枯有荣，重要的是学会享受生命的过程。改变能改变的，接受不能改变的，承受生命中的喜怒哀乐，过淡定、平静的生活，这样才能摆脱烦恼、痛苦，生活在快乐中。

2. 出世并非抛开一切

弘一法师说："佛法说有世间，出世间，可是很多人误会了，以为世间就是我们住的那个世界，出世间就是到另外什么地方去，这是错的。我们每个人都在这个世界上，就算出了家也还在这个世界。"不了解佛法出世的意义的人，会误以为佛教徒出家就是"出世"，即抛开一切，躲开人世的烦恼。

佛教所谓的出世并不是号召大家去逃避，而是要积极地面对问题、解决问题，用真理打开生活烦恼之锁、彻底化解那些无尽的忧愁。无论我们是否修行得道，面对的都是这个世界。没有开悟的人妄想逃避这个世界，而大彻大悟的人知道如何面对世界。

在太平寺中，弘一法师再次见到了前来拜访的老友穆藕初。叙旧之后，两人自然而然地谈到了佛法。穆藕初对于佛教知之甚少，不过他在某些哲学、文化类的书籍中见过一些批评佛教的观点，因此总觉得佛教是一种导致人出离世间、逃避家国社会责任的宗教。当此国家衰微，正需要国民奋发图强之际，佛教于世又有何益呢？

弘一法师解释说，佛法并不离于世间，佛教的本旨只是要洞悉宇宙人生的本来面目，教人求真求智，以断除生命中的愚痴与烦恼，修学佛法也并不一定就要离尘出家，在家之人同样可以用佛法来指导人生，利益世间。

就大乘佛教来说，其菩萨道精神，更是充分体现了济物利人的人世悲怀。凡有志于修学佛法者，皆需发大菩提心，立四宏愿，所谓"众生无边誓欲度，烦恼无尽誓愿断，法门无量誓愿学，佛道无上誓愿成"。以此自励精进，无量世中，怀此宏大心愿，永不退失，只要是济世利人之事，都可摄入佛道之中，佛教哪里又会是消极避世的宗教呢？

在生活中，弘一法师也是一位真正做到了用"出世"的心做"入世"的事的人。在出家之后，他一方面静心研究佛法律部，著书立说；另一方面则通过不断游历来进行佛法的交流和弘扬。尤其是在抗战期间，他毅然决然地站在了抗日这一边。

很多人认为，佛教中的出家就是从这个世界进入了另一个世界，寻找寂静清幽之所修行。这种理解是片面的，不正确的。

弘一法师对"世间"与"出世间"做过解释，他说："佛教所说的世间与出世间是什么意思呢？依中国向来所说，'世'有时间性的意思，如三十年为一世，西洋也有这个意思，叫一百年为一世纪。所以世的意思就是有时间性的，从过去到现在，现在到未来，在这一时间之内的叫'世间'。"

无相禅师在行脚时感觉口渴，路遇一名青年在池塘里踩水车，于是上前向青年要了一杯水喝。青年以羡慕的口吻说道："禅师，如果有一天我看破红尘，我一定会跟您一样出家学道。不过我出家后，不想跟您一样居无定所到处行脚，我会找一个地方隐居，好好参禅打坐，不再抛头露面。"

禅师含笑道："哦！那你什么时候会看破红尘呢？"

青年答道："我们这一带就数我最了解水车的性质了，全村人都以此为主要水源，若能找到一个接替我照顾水车的人，届时没有责任的牵绊，我就可以做自己想做的事情，可以看破红尘出家了。"

无相禅师道："你最了解水车，请告诉我，如果水车全部浸在水里，或完全离开水面会怎么样呢？"

青年说道："水车全部浸在水里，不但无法转动，甚至会被急流冲走；完全离开水面又不能把水运上来。"

无相禅师道："水车与水流的关系其实就已经说明了个人与世间的关系。如果一个人完全入世，纵身江湖，难免会被物欲红尘的潮流冲走；假如纯然出世，自命清高，则人生必是漂浮无根，空转不前的。"

青年听后，欢喜不已地说："禅师您这一席话，真使我长知识了。"

佛法也如此，可变化的叫世，在时间之中，从过去到现在，从现在到未来，从有到没有，从好到坏，都是一直变化，而这变化中的一切，都叫世。世还有蒙蔽的意思，一般人不明过去、现在、未来三世的因果；不知道从什么地方来，要怎样做人，死了要到哪里去；不知道人生的意义，宇宙的本性，糊糊涂涂在这三世因果当中，这就叫做"世间"。

怎样才叫出世呢？出是超过或胜过的意思。能修行佛法，有智慧，通过宇宙人生的真理，心里清净，没有烦恼，体验永恒真理就叫"出世"。佛菩萨都是在这个世界，但他们都是以无比智慧通达真理，心里清净，不像普通人一样。

所以"出世间"这个名词，是要我们修学佛法，进一步做到人上之人，从凡夫做到圣人，并不是叫我们跑到另外一个世界去。不了解佛法出世的意义的人，误会佛教是逃避现实。

所以，认为出家就是抛开一切，就是不在这个世界上的看法是错误的。得道的阿罗汉、菩萨、佛，都是出世间的圣人，但也都是在这个世界救渡我们，可见出世间的意思，并不是跑到另外一个地方去。

3."空"非空,即空即有

在佛经《波罗蜜多心经》中,"空"出现的频率比较高。但这里的"空",并不是我们通常认为的一无所有,它其实蕴含着非常深刻的意义。一方面,"空"是指万事万物随时处在永恒的变化之中,因此要求我们达到一种无我的境界。另一方面,"空"也是"不空",是样样都有。一般人以为佛法说的"空",就是什么都没有,是消极,是悲观。这都是因为不了解佛法才引起的误会。

灵山会上,佛陀拿出一颗随色摩尼珠,问四方天王:"你们说说看,这颗摩尼珠是什么颜色?"

四方天王看后,分别说了青、黄、红、白四种颜色。

佛陀将摩尼珠收回,张开空空的手掌,又问:"那我现在手中的这颗摩尼珠又是什么颜色?"

四方天王异口同声地说:"世尊,您现在手中一无所有,哪有什么摩尼珠呢?"

佛陀于是说:"我拿世俗的珠子给你们看,你们都会分辨它的颜色,但真正的宝珠在你们面前,你们却视而不见,这岂不是颠倒了?"

佛陀感叹世人"颠倒",因为世人只执著于"有",而不知道"空"的无穷妙用;总是被外在的、有形的东西所迷惑,而"看不见"内在的、无形的本性和生活,其实那才是更宝贵的明珠。

弘一法师认为,佛法之中"空"的意义,有着最高的哲理,诸佛菩萨都是能悟到"空"的真理者。"空"并不是什么都没有,反而是样样都有,世界是世界,人生是人生,苦是苦,乐是乐,一切都是现成的。佛法之中说到有邪有正有善,有恶有因有果,要弃邪归正,离恶向善,作善得善果,修行成佛。

那么,佛法中讲的"空"究竟有什么意义呢?我们先看下面一则故事。

有一位画家的画颇有禅意,人们称他为"禅画师"。

一天,有人来向他求画,他随手拿出一幅给对方,那人一看,竟然是一张白纸,当场失望地愣住了。

禅画师解释说:"先生,在这幅画里,你可以看到一头牛,它正在吃草。"

此人问:"草在哪儿?我怎么没看见?"

禅画师说:"草被牛吃光了。"

此人又问:"那牛呢?"

禅画师说:"那头牛把草吃光后,当然就走开了。"

正如苏东坡所说的"无一物中无尽藏,有花有月有楼台"。因为"空无",所以才有"无限的可能性。"弘一法师说:"因缘和合而成,没有实体的不变体,叫空。"为此,他还举了一个十分形象的例子。当一个人对着一面镜子时,就会有一个影子在镜子里,怎会有影子呢?有镜有人,还要借太阳或灯光才能看出影子,缺少一样便不成。所以影子是种种条件产生的,不是一件实在的物体。虽然不是实体,但所看到的影子是清清楚楚的,并非没有。一切皆空,就是依据这个因缘所生的意义而说的。

弘一法师在《切莫误解佛教》中对"空"是这样认识的:"佛说一切皆空,有些人误会了,以为这样也空,那样也空,什么都是空,什么都没有。横竖是没有,是无意义,这才只做坏事,不做好事,糊里糊涂地看破一点,生活下去就好了。"

所以佛说一切皆空,同时即说一切因缘皆有,不但要体悟一切皆空,还要知道有因有果,有善有恶。学佛之人,要从离恶行善、转迷启悟的学程中去证得"空"性,即空即有。如果说什么都没有,那又何必要学习佛法呢?佛法之所以存在,就是为了指点人们看透因果,走出困惑。

4.莫要误解佛法

弘一法师说："只要是济世利人之事,都可摄入佛道之中,佛教哪里会是消极避世的宗教呢？学佛本是一种'以出世的方法,行入世的事业'的智慧,这种智慧正是佛教的伟大之所在。"

弘一法师怀着救世的理念而出家,出家后一直致力于弘扬佛法,四处讲学。抗日战争爆发后,已经身患重病的弘一法师,不顾自己的病痛,积极地救济灾民。他还让寺院的当家师,把多余的禅房腾出来,供灾民使用。

弘一法师一心与灾民同甘苦、共患难。在极度缺少粮食的情况下,把好友赠送的一副非常贵重的眼镜卖掉,只为了能够让灾民多得到些救助。即便做到此种程度,弘一法师依旧为自己不能为国为民多做事而内疚,悲愤地开示弟子："念佛不忘救国！我们佛教讲究报国恩。当下民族存亡,危在旦夕。僧侣们,以及所有学佛的人,要遵循佛陀教诲:庄严国土,利乐有情！以佛陀悲悯之心阻止杀戮,救国于危难！"

抗日战争时,高僧圆瑛法师秉持"扶弱惩恶,普度众生"和"我不入地狱谁入地狱"的佛家精义,率领全国佛教界投入到抗日战争的洪流中去,表现出了一个杰出佛教徒的大德高行。

1937年卢沟桥事变后,日本发动了全面的侵华战争,置中国人民于巨大的战火苦难之中。对此,圆瑛法师对身边的弟子说："菩萨慈悲,不能一任强暴欺凌迫害,不能坐视弱小无罪者横遭杀戮,岂能眼看着无数生灵在敌机疯狂滥炸下殒命,尤其不忍听那为了抗击日寇而负伤在沙场上,断臂折足的战士哀号。作为佛家弟子,我们应秉承菩萨原义,行救苦救难之责。"

接下来,圆瑛法师便主持召开了中国佛教会常务理事紧急会议,会议决定成立中国佛教会灾区救护团,由他亲任团长,并紧急通知京(南京)沪地区各寺庙派出200多名年轻僧众,往上海玉佛寺报到,成立中国佛教会灾区救护团第一京沪僧侣救护队。随后,第二汉口僧侣救护队、第三宁波僧侣救护队相继成立。身为救护团团长的圆瑛法师,要求参加救护队的每位僧侣,发扬佛教救世的"大无畏"、"大无我"、"大慈悲"的三大精神,无所畏惧,不怕脏、不怕累、不怕苦、不怕难、不怕死,"忘却身家之我见",以大慈大悲之心去救苦救难。僧侣救护队深入前线,穿梭于枪林弹雨之中,救死扶伤,护送难民。仅京沪队第一分队,就"出入江湾、闸北、大场等前线,抢救受伤战士不下万人"。

1937年冬,上海沦陷。激战后的上海已是废墟一片,尸横遍野。尽是阵亡的中国士兵和罹难的民众的遗骸,日军不准收埋,百姓们又无人敢冒杀头之险过问。圆瑛法师以大无畏的精神,带头组织掩埋队,掩埋队由玉佛寺、法藏寺、清凉寺、国恩寺、关帝庙、报本堂等寺庙的僧众和香工组成,圆瑛法师亲任总队长。动用4辆汽车,由掩埋队将尸体一具一具地抬上车,再送到郊外埋葬,昼夜不停。掩埋队花了3个多月时间才完成这项工作,埋葬尸体一万多具。圆瑛法师率领中国佛教界抗敌救灾的一系列义举,获得了国内外的高度赞扬,当时国民革命军一级将领陈诚也不得不承认:"真正到前线上去救护的只有他们。"

圆瑛法师的正义行为,当然也引起了日本侵略者的忌恨。圆瑛法师在国内外民众中的影响力非常高,日本侵略者先是对其进行拉拢,请他出任"中日佛教会"会长,企图以此控制中国佛教界,进而控制中国民众,但此次请求遭到了圆瑛法师的严辞拒绝。

日本侵略者见软的不行,便露出了狰狞的真面目。1939年农历九月初一,时逢圆明讲堂莲池念佛会成立纪念之时,正当圆瑛法师在殿堂上供礼佛时,日本宪兵突然包围了圆明讲堂,以抗日的罪名逮捕了圆瑛法师等人,押往上海北四川路日本宪兵怀念部进行刑讯,企图威逼圆瑛法师承认并声明抗日有罪。

10

圆瑛法师大义凛然地面对侵略者的刑具,毫不屈服,高声念佛。随后,日寇又将他押往南京的日本宪兵司令部,由日本的"佛学专家"进行刑讯。然而,这些所谓的"专家"都被圆瑛法师高深的佛理驳得哑口无言。恼羞成怒的日寇只能对圆瑛法师进行肉体折磨,每天都折磨至深夜不止,几度使其昏厥不省人事,企图迫其就范。但圆瑛法师已进入无我境界,他心系民众,深信自身的痛苦可以减免众生的痛苦。最后,日寇无计可施,又因圆瑛法师名播中外,众望所归,在日本也有很高的声誉,最后只好将他释放。虎口脱险的圆瑛法师,仍然不改初衷,为抗敌救灾而奔走呼号。

圆瑛法师是现代中国佛教界的精英,出世常怀家国忧,在中华民族危难之秋,他不因自己无守土之责而超然物外,挺身团结佛门僧众,共赴国难。

弘一法师说:"不了解佛法出世的意义的人,误会佛教是逃避现实,因而引起不正当的批评。"

《切莫误解佛教》说,佛菩萨都是在这个世界,但他们都是以无比智慧通达真理,心里清净,不像普通人一样。所以"出世间"这个名词,是要我们修学佛法的,进一步能做到人上之人,从凡夫做到圣人,并不是叫我们跑到另一个世界去。

近代国学大师梁启超说:"佛教是智信,不是迷信,是兼善而非独善,乃入世而非厌世。"佛经说,菩萨云游四海,普度众生于水火苦难之中。学佛法之人皆须发"大菩提心",以一般人之苦乐为苦乐,抱热心救世之宏愿,不仅不是消极,而是一种积极。

5.空门生活很悠闲

一般人对佛家生活的了解多是通过电影和电视剧的再现，他们认为那些坐落在深山中的寺院总是清静幽美，宛如人间仙景。而住在院里的人，无一不是看破红尘，想要过着无牵无挂的生活，于是，他们便以为空门生活很悠闲。其实这也是对佛家的一种误解。

面对人们对出家人生活的误解，弘一法师解释说："有的人看到佛寺广大庄严，清净幽美，于是羡慕出家人，以为出家人住在里面，每天都有施主来供养，无须做工，可以坐享清福。如流传已久的'日高三丈犹未起，不及僧家半日闲'之类的话，就是此种谬说。他们不知道，出家人有出家人的事情，出家人要勇猛精进，自己修行时'初夜后夜，精勤佛道'。对信众说法，应该四处游化，出去宣扬真理，过着清苦的生活，为众生、为佛教而努力，自利利他，非常难得。所谓僧宝，哪里是什么事都不做，坐享现成，坐等施主来供养。这大概是因为出家者虽多，能尽出家人责任的却很少，所以社会才会有此误解吧！"

出家人追求的是对生命本质的透视和解脱，所以出家人对自己修行生活的要求很是严格。为了不断地战胜"自我"，出家人必须日日修行，时时修行，这个过程也是无比艰难的。

古人说："出家乃大丈夫事也，非王侯将相所能为也！"佛教中，男僧人要具足250条戒律，女僧人要具足348条戒律。要通过苦修净心、断六根、出尘土、守戒律、彻底证悟空性思想、表法给众生听，给众生做表率。

出家人一般凌晨三点多钟起床，一年三百六十五天，天天都要课颂，雷打不动。此外，寺庙中还会给出家人安排很多工作，学习经教、禅修，晚上不能早睡，要参与大众共修，其忙碌程度不是一般人所能想像的。

弘一法师虽贵为一代宗师，但他仍然过得非常忙碌。他不愿浪费一丝一毫时间，日日做阅读和朗诵的常课。傍晚时，弘一法师手持念珠念诵佛号，经行散步。律中规定，穿不过三衣，食不逾午，弘一法师都严格遵守。

社会上一些不了解佛教的人，认为出家人什么都不做，为寄生社会的消费者，好像一点用处都没有。

对此，弘一法师解答说："不知人不一定要从事农、工、商的工作，教员、新闻记者，以及其他从事自由职业的人，也能说是消费者吗？出家人并非成日无事可做，过着清闲的生活，他们要勇猛精进，要导人向善、重德行、修持，要使信众的人格一天一天提高，能修行生死，使人生世界得到大利益，怎能说是不做事的寄生者呢？出家人是宗教师，可说是广义而崇高的教育工作者，所以不懂佛法的人说，出家人清闲，或说出家人寄生消费，都是不对的。真正的出家人应该是繁忙而充实的。"

6.信仰佛教，国家就会衰弱？

1927年春，弘一法师在杭州吴山常寂光寺坐关。当时浙江省政局未定，新贵年少群议纷纭。弘一法师听说有人倡议要灭佛驱僧，心下不安，决定出关。

弘一法师约请了若干个当时主张灭佛的人，到寺院会晤。其中大多数都是弘一法师在浙江第一学校教过的学生。谈判前，弘一法师手持预先亲笔写的劝诫字条分赠来者，从始至终，弘一法师没说一句话。

其中主张最激烈的某君，也是弘一法师的学生。此人平日能言善辩，法师邀他坐在身边，他竟也没说一句话。那天天气很冷，虽然穿了棉大衣，还不足以御寒，那人出寺后，却满头大汗。

灭佛驱僧之议，从此不再有人提了。

中国历史上有四次大的灭佛运动,起因都是人们对佛教的误解。弘一法师说:"他们以为印度是因信佛才亡国的,他们要求中国富强,于是武断地认为国人不能信仰佛教,其实这是完全错误的。研究过佛教历史的人都知道,过去印度最强盛的时代,便是佛教最兴盛的时期,那时候,孔雀王朝的阿育王统一印度,把佛教传播到全世界。"

据佛经记载,公元前273年,频头娑罗王逝世,阿育王在大臣成护的帮助下,与其兄苏深摩争夺王位并取胜,后又把王族政敌全部杀死,因此他在统治初期被认为是一个暴君。

不久后,阿育王开始信奉佛教。在公元前约261年,阿育王征服羯陵伽国,羯陵伽国有15万人被俘,10万人被杀,死伤数十万。他继而统一了除迈索尔地区的印度全境。阿育王统治印度的时代,成为古代印度历史上空前强盛的时代。

据说,阿育王由于在征服羯陵伽国时亲眼目睹了大量的屠杀场面,深感悔悟,于是停止武力扩张,采用佛法征服。由于阿育王强调宽容和非暴力主义,他在民众的欢呼声中统治印度长达41年。

阿育王将佛教定为国教,并派人前往各地宣传佛教,因此,那个时代的亚、非、欧三洲都有佛教徒的足迹。因为阿育王的努力,佛教才能成为世界上最重要的宗教之一。

中国历史上,也有这种实例。现在在其他国家,中国人往往被称为唐人,中国则被称为"唐山",由此可见,唐朝时期的中国给世界带去了怎样的影响。佛教的脉动与中国的发展保持了一致,在国运昌盛的唐朝,恰恰也是佛教最兴盛的时代。

公元前619年,唐高祖在京师聚集高僧,立十大德,管理一般僧尼。唐太宗即位后,非常重视译经的事业,命波罗颇迦罗蜜多罗主持译经,又度僧三千人，并在旧战场各地建造寺院，一共七所，大大促进了当时佛教的开展。公元前645年，著名的玄奘和尚从印度求法归来，朝廷为他组织了大规模的译场。玄奘以深厚的学识为基础，精确地翻译出了大量经文，给予当时佛教界极大影响。

弘一法师认为，唐武宗破坏佛教的那段时期，也是唐代走向衰落的时期。唐灭宋起，宋太祖、太宗、真宗、仁宗都崇信佛教，而这些皇帝在位的年代，也是宋朝兴盛的时期。明太祖朱元璋本身是出过家的，明太宗亦非常信佛，他们在位时期，不都是政治修明，国力隆盛嘛！日本在明治维新之后能够跻身世界强国之列，也是他们大为信奉佛教之时。谁敢说信佛能使国家衰弱？

佛教可以净化人心。早在两千多年前，庄子就将一味追求物欲的"危身弃生以殉物"的人生视为悲剧。而孔子的"饭蔬食，饮水，曲肱而枕之，乐亦在其中矣"也向我们说明，只要拥有充实的精神世界，再俭朴的生活中都可以找到人生的乐趣。在此同时，如果还能有健康的宗教信仰就更好，不仅精神有了归宿，对人生意义的认识也不再迷惘。如果能做到这几点，我们就不会成为物质和金钱的奴隶，社会也能得到健康发展。

7.佛教对社会没有益处?

弘一法师说："近代的中国人士，看到天主教、基督教办有学校、医院等，而佛教少有举办，就认为佛教是消极的，不做有利社会的事业，于社会无益。这是错误的论调，他们最多只能说，近代的中国佛教徒不努力、不尽责，绝不能说佛教什么都不做。过去的中国佛教，也办有慈善事业，现代的日本佛教徒，办大学、中学等很多，出家人也多有任大学与中学的校长与教授之职，慈善事业，也由寺院僧人来主办。"

在中国历史上，自佛教传入中国落地生根之后，才开始出现有组织、有制度的慈善救济行为。凡跨越家族、宗族、地域的社会化的民间公益事业，如修桥铺路、开挖沟渠、植树造林、放生护生等，几乎都是由寺院发起，或有僧人一起参与主持的。在灾荒或战乱的年代，各寺院多会向百姓施粥、施衣、施药、施棺，也会为举目无亲的人们提供避难所。

唐朝的昙选法师，常在山西并州兴国寺门前置大锅一口，盛满米粥，亲手周济贫饥；汉州（四川成都）开照寺的鉴源和尚，每天在讲演《华严经》之余，设千人粥食分与饥人；宋孝宗乾道八年（1172年）饶州僧人绍禧、行者智修煮粥，供赡五万一千三百六十五人；另还有僧法传、行者法聚供赡三万八千五百一十六人，四人分别被诏令赐予紫衣与度牒。

佛寺施粥的传统一直保存至近代。1939年成立的上海佛教同仁会即办有施粥处，印制粥票请各界善士认购，同时特约热心善举的粥店，作为施粥的供应点，全市贫民或流落街头者，持该会所所发粥票到特约店食粥。此举创行后，全市贫民受惠匪浅。前后五年，得免费吃粥的贫民，总数达千万余人。

在中国古代，民间的慈善事业基本上是由僧侣和佛教信徒来做的，寺院兴办慈善事业对中国社会产生了极大影响，也做出了巨大贡献。

《观无量寿经》云："佛心者大慈悲心是。对苦难众生的救助，是佛教的慈善事业。'不为自己求安乐，但愿众生的离苦'是大乘菩萨的行愿，也是佛教慈善事业的宗旨精神。"

有一次，证严法师去医院看一位生病住院的信徒。证严法师从医院出来后，他看到地上有一摊血，但是没有看到病人，就问道："地上怎么有那么多血呢？"有人告诉他说："是一位原住民女子难产，家属听说住院开刀要缴八千元的保证金及医疗费，就又把那妇人抬了回去。"

法师听了这句话极为心疼，当时却也无法做进一步了解——究竟那位妇人是死是生？法师自忖：倘若能及时发现，也需有钱适时发挥救人的功能，于是一个济世团体的雏形——佛教克难慈济功德会,就这样成立了。

功德会最初只有4名弟子和两位老人家,每人每天各加工一双4元的婴儿鞋,一天增加24元,一个月平均720多元;后来又增加了30位信徒,他们则是在不影响生活的情形下,每天节省五毛菜钱,作为济难的救助金。

证严法师利用屋后的竹子,锯了30根存钱筒,发给信徒一人一根,要他们坚持每天存进去五毛钱。信徒觉得奇怪,为什么不干脆每个月缴15元呢?法师说:"不奇怪,我要你们每天临出门前,就有一颗救人的心,节省五毛钱,即是培养节俭的心与爱人救人的心,两个心存于一体,力量是很大的。"

于是这30个人,每天提起菜篮到菜市场,逢人便欢喜地宣扬:"我们每天要存五毛钱!我们有一个救济会,我们要救人!"因此,"五毛钱也可以救人"的消息不胫而走,参与的人变得越来越多。就这样,在一个28岁无名僧尼的引导下,一群手挽菜篮的主妇,写下了中国当代最辉煌的佛教慈善事业的一页。

弘一法师说:"锡兰、缅甸、泰国的佛教徒,都能与教育保持密切的关系,兼办慈善事业。所以不能说佛教不能给予社会以实利,只能说佛教徒没有尽佛家弟子的责任,应该多从这方面努力,这样才会更合乎佛教救世的本意,使佛教发达起来。"

台湾有一个教授说过,中国僧侣宗教典范的追寻,都是解行兼备和入世救度的,在入世的佛教实践中,对社会大众苦恼有所关怀和帮助。

佛教要求断一切恶,修一切善,敦促人们在社会生活和个人生活中内省律己,克服私欲,去恶从善,培养高尚的人格情操。

佛法的普度众生理念,是为了救度一切众生的。现在越来越多的佛教徒做起了慈善事业,这更合乎佛教济世的本意。

8.佛法是哲学

佛用"法"这个代名词代表万事万物,所以"佛法"这两个字连起来,就是无尽的智慧、觉悟,宇宙人生一切万事万法。

哲学,社会意识形态之一,是关于世界观的学说,是理论化、系统化的世界观,是自然知识、社会知识、思维知识的抽象概括和总结,是世界观和方法论的统一,是社会意识的具体存在和表现形式,是以追求世界的本源、本质、共性或绝对、终极的形而上者为形式,是以确立哲学世界观和方法论为内容的社会科学。

哲学源于希腊,但用于学术名词,则是从柏拉图开始的。柏拉图说:"惟神有智,人则止能爱乎智而已。已有智者及愚昧不学者,均不得谓之哲学者。"

弘一法师说:"哲学之要求,在求真理,以其理智所推测而得之某种条件,即所谓真理。"所以说,哲学与佛法并非一回事。

近代以来,各学科越分越细,哲学领域也越来越狭隘。哲学产生之后,研究的问题就有唯心、唯物、一元、二元之分,所言繁杂,使人莫衷一是。

弘一法师针对这种现象,举了个"盲人摸象"的例子。

古有盲人,其生平未曾见象之形状,因其所摸象之一部分,即谓象之全体,故或摸其尾,便谓象如绳,或摸其背便谓象如床,或摸其胸便谓象如地。虽因所摸处不同而感觉互异,总而言之,皆是迷惑点到之见而已。

大象如真理一样,哲学家看不到真理,所以才会像盲人一样摸索。每一种哲学研究都有其道理,有其价值,但是此真理只是限制在观念中的真理,所以才会有缺陷与不足。

佛法不像哲学家们那样,对真理进行虚妄的猜测。佛法强调实证,如同明眼人亲眼看到真正的大象一样,佛法强调事实的重要性,用事实打消所有的疑惑。

佛教强调"真如"。"真"是真实不虚妄之意;"如"则不变其性之意。"真如"即真实而自如,一般解释为绝对不变之"永恒真理",或宇宙万物的本体,真实本质,真实性相。其别称有:"如如"、"性空"、"无为"、"实相"、"法界"、"法身"、"法性"、"实际"、"真实"、"真性"、"实相"、"法身"、"佛性"等。其总的概念是指真实无妄永恒不变的真理或本体。

弘一法师认为"真如"是真实、平等、无妄情、无偏执、离于意想分别。哲学家所追求的,就是弄清宇宙万物的真相和本体,就是探求"真如"。

佛法不是哲学,哲学里头有能有所,佛法虽然讲能讲所,但它的能所是一不是二。哲学里头没有"所能不二"这个说法。所以说,"佛法非哲学,也非宗教,而为今世所必需"。

第二课

戒贪:清心寡欲养身心

1.欲望太多会让人迷失本性

弘一法师认为,人有欲望是很正常的,但是人的欲望又是无限的,现实难以满足人的全部欲望。所以,人的欲望也应该有个"度",一旦欲望太多,做得过了度,事情便会走向反面,好事变成了坏事,最后只会招致不利于自己的结果。贪婪的眼睛如果永远不知满足,终究会迷失方向。弘一法师提醒世人要"悭贪",要戒除太多的不正当欲望,"人心不足蛇吞象",多欲无厌,就会跌入万劫不复的深渊。

欲望是人乃至动物都有的正常生理和心理需求,它能给我们带来活力与动力。欲望分为正常与不正常两种,正常的欲望让我们善用生命、青春、恩泽,不正常的欲望让人丧失自我,颠倒人生,最终走向疯狂和毁灭。

在生活中,我们随时都要面对大大小小、形形色色的诱惑。人的欲望就像填不满的无底洞,因此我们需要培养克制自己欲望的能力,不能让不正常的欲望拖累自己。否则,悔之晚矣!

波罗脂国有两个比丘,听说佛陀在舍卫国大开法筵,演说妙法,二人便相约一同前去听佛陀开示法要。

两个人简单地收拾了些行囊,便向舍卫国出发了。太阳炙烤着大地,他们则挥汗如雨地低头疾行。走着走着,觉得口干舌燥,但一路上却没有碰上半点水源,二人只得耐着口渴,继续往前走……

正当二人走得精疲力竭之时,一口井就出现在他们面前,二人眼前一亮,宛如久旱逢甘霖般,欣喜地前去汲水。

当他们把水汲出井后,却发现水中有虫,这时其中一位比丘早已顾不得水中有虫,迫不及待地一饮而下。而另外一位比丘,只是默然地站立在井边,喝了水的比丘见状,就问道:"你不是也很渴吗?为什么现在却不喝了呢?"这位比丘答道:"佛陀有制戒,水中有虫不得饮用,饮了既犯杀生戒。"

喝了水的比丘就相劝说:"你还是喝了吧,不然渴死了就见不着佛陀了,更别说是听经闻法了。"比丘听完,不为所动地说:"我宁可渴死,也不愿意破戒而活。"

最终,这位坚持不喝水的比丘因此丧失了性命。但由于持戒的功德力,他死后立即升到天道,当天晚上就以神通力抵达佛所,顶礼佛陀,佛为他说法,便得到了法眼净。喝了水的比丘独自一人继续赶路,直到隔日才来到佛所,一见佛陀,立刻五体投地地至诚礼拜。

佛陀以神通智能力得知先前发生的事,询问道:"比丘,你从何处来?有没有同伴随行?"比丘随即一五一十地把路上发生的事告诉了佛陀,佛陀呵责道:"你这个愚蠢的人,你虽然现在眼睛见到了佛,但是却没有真正见到佛,那位持戒而死的比丘已先你一步来见我了。"

佛陀更进一步说:"如果有比丘放逸懈怠,虽与我同住在一起,也能常常见到我，但我却不曾见这样的比丘；若有比丘离我数千里，能精进用功，不放逸，虽然彼此相隔千里之遥，而这样的比丘却能常常见到佛，而佛也常常见到比丘。"比丘听完佛的教导，若有所悟，羞愧地顶礼而退。

弘一法师说："佛教认为'一寸道九寸魔'，人要学会时刻节制自己的欲望。一个人如果有了太多的欲望，他就永远不知道什么是满足，他会不停地向外追求和占有。"有人说："欲望像海水，喝得越多，越是口渴。"欲望太多，没有节制，便成了贪婪。贪婪是可怕的，人的一切都可能因为贪婪而毁掉。

现实中的人之所以每天都觉得自己忙忙碌碌的，就是因为他们有太多的欲望，当一个欲望得到满足之后，一个新的欲望又会产生，那么就永远不会有终结的时候。欲望像火，诱惑像柴，柴放得越多，火烧得越旺，火烧得越旺，就越有添柴的冲动。人就在这过多的欲望面前迷失了自己，迷失了人的本性，所有的自尊与恪守的原则，甚至生命，都会在贪婪的欲望里毁掉。

有一个人潦倒得连床也买不起，家徒四壁，只有一张长凳，他每天晚上就在长凳上睡觉。这个人很吝啬，他也知道自己的这个毛病，但就是改不了。

他向佛祖祈祷说："如果我发财了，我绝对不会像现在这样吝啬。"

佛祖看他可怜，就给了他一个装钱的口袋，说："这个袋子里有一个金币，当你把它拿出来以后，里面又会有一个金币，但是当你想花钱的时候，只有把这个钱袋扔掉才能花钱。"

那个穷人就不断地往外拿金币，整整一个晚上没有合眼，地上到处都是金币。就算他这一辈子什么都不做，这些钱也足够他花的了。每次当他决心扔掉那个钱袋的时候，都舍不得。于是他就不吃不喝地一直往外拿着金币，以致整个屋子都装满了金币。

可是他还是对自己说："我不能把袋子扔了，钱还在源源不断地出，还是让钱更多一些的时候再把袋子扔掉吧！"

到了最后，他虚弱得连把金币从口袋里拿出来的力气都没有了，但是他还是不肯把袋子扔掉，终于死在了钱袋旁边，屋子里装的都是金币。

欲望太多的人，每天都生活在费尽心机的算计中，有的人甚至会为了欲望不择手段、走极端。在追逐欲望的过程中，从来不计后果，因为欲望早已迷惑了他的心，遮住了他的眼。

弘一法师一生没有太多的欲望，他不追求名誉，有人写文章赞扬他，他却对此进行斥责。他一生也不贪蓄财物，别人供养的钱财，他都用在了弘扬佛法和救济灾难上，他不求名利，没有私欲，因此赢得了世人的尊敬。

人只有在没有任何非分追求的欲望下，才能体会到自己真正的本性，看清本来的自己。放纵自己的欲望，就会伤害自己的心灵，只有控制欲望不为物役，才能活得简单，活得自由。

2.克制贪欲，内心才会纯净

弘一法师提醒我们，人可以有正常的欲望，过多的欲望就会成为贪欲，最好不要有。人如果有了贪欲，要用理智去克制，只有战胜了贪欲，人的内心才会保持纯净。

"人，生而有欲"。不过，对待欲望要讲方寸、讲量度、讲理智、讲理性，倘若欲望狂荡、狂奔、狂极，也就是使欲望任意扩张、膨胀、肆虐，欲望变成了私欲、贪欲、邪欲，就会出现"欲炽则身亡"。欲望一旦超出了人的自制力，就会变成邪恶的魔咒、心灵的枷锁。古人曰："贪如火，不遏则自焚。"老子曰："祸莫大于不知足；咎莫大于欲得。"司马迁在《史记》中说："欲而不知止，失其所以欲;有而不知足,失其所以有。"

内心充满贪欲的人,会为了自己想要的东西,殚精竭虑地算计。得到了,还想要更多,一旦得不到,就气急败坏,心里根本平静不下来,这样的人会活得很辛苦。克制贪欲,说起来容易,做起来却很难,有几个人能在欲望面前能让自己保持清醒?所以,戒贪,是佛教中的一戒。克制贪欲最重要的是要树立正确的金钱观,不要让金钱腐蚀了人的内心,不能成为金钱的奴隶。

"贪"字是上面一个"今",下面一个"贝"。在中国古代,贝是用来当钱币使用的,是财富的象征。面对财富,是马上就想拥有,一个"贪"字,形象地描摹出了世人对欲望无穷无尽的追求。

从前,在普陀山下有一个樵夫,长年累月以打柴为生,他整日早出晚归,风餐露宿,但是家里仍然常常揭不开锅。于是,他的老婆天天到佛前烧香,祈求佛祖慈悲,让他们一家人能脱离苦海。

或许真是苍天有眼,大运降临。有一天,樵夫突然在大树底下挖出了一个金罗汉!一夜间变成了百万富翁。于是他买房置地,宴请宾朋,好不热闹。很多亲朋好友如雨后春笋般冒了出来,向他表示祝贺。

按理说此时的樵夫应该非常满足了。可是他却只高兴了一阵子,接着就又愁眉苦脸起来,吃睡不香,坐卧不安。他的老婆看在眼里,劝他说:"现在吃穿不愁,又有良田美宅,你为什么还是愁眉苦脸的?就算有贼来偷,一时半会儿也偷不完,你这个丧气鬼!天生就是受穷的命!"

樵夫听到这里,不耐烦了:"你个妇道人家懂得什么?怕贼偷还只是小事,关键是十八罗汉我才得到了其中的一个,那十七只我还不知道埋在哪里呢,我怎么能够安心!"说完樵夫便又像只被烤熟的鸭子一样,瘫软在床上。

结果,这个樵夫抱着个金罗汉还整日愁眉不展,最终落得疾病缠身,与幸福擦肩而过。

人的欲望是没有穷尽的,一切恶念皆由贪欲引起。克制贪欲,保持一颗平常心才能够知足常乐,内心才会纯净。多贪多欲的人,纵然是富甲天下,也还是无法满足,到头来还是"穷人"一个——精神贫穷。穷得只剩下了钱了的人,他们拥有的是痛苦的根源,而不是幸福的靠山;而那些少欲知足的人,才是真正的富人。

弘一法师在《晚清集》中辑录了一句话:"生死不断绝,贪欲嗜味故,养怨入丘冢,虚受诸辛苦。"贪是贪爱,是欲望,要是不断地增加贪的欲望,便如同养了冤家,内心不能纯净,一生的修行都会落空。

有一位法师,一辈子做好事、做功德、建寺庙、讲经说法,自己虽没有打坐、修行,可是他功德依然很大。法师年纪大了,就看到两个小鬼来捉他,这个鬼在阎王那里拿了拘票,还带了刑具手铐。

法师说:"我们打个商量好不好?我出家一辈子,只做了功德,却没有修持,你给我七天假,七天打坐修成功了,先度你们两个,阎王我也去度他。"那两个小鬼被他说动了,就答应了他的请求。法师以他平常的德行,一上座就放下万念,庙子也不修了,什么也不干了。三天以后,无我相,无人相,无众生相,什么都没有,就是一片光明。

第七天,两个小鬼依约前来,只看见一片光明,却怎么也找不到法师。他们心想:完了,上当了!两个小鬼对着光明说道:"大和尚你总要慈悲呀!说话要有信用,你说要度我们两个,不然我们回到地狱去要坐牢啊!"法师大定了,没有听见,也不管。两个小鬼就商量,怎么办呢?只见这个光里还有一丝黑影。有办法了!这个法师还有一点不了道,还有一点乌的,那是不了之处。

因为这位法师功德非常大,当朝皇帝便聘他为国师,还送给他一个紫金钵盂和一件金缕袈裟。这个法师别的什么都无所谓,唯独喜欢这个紫金钵盂,就连打坐时也端在手上,万缘放下,只有钵盂还拿着。两个小鬼看出来了,他别的什么都没有,只这一点贪还在。于是,两个小鬼就变成老鼠,去咬这个钵盂,"卡啦卡啦"的啃咬声,让和尚动了念,随着这一动念,法师周身的光没有了，现出了身来。两个小鬼趁此机会，立刻把手铐铐在了法师的手上。法师很奇怪，以为自己没有得道，小鬼就说明经过，和尚听了，把紫金钵"卡啦"往地上一摔，"好了！我跟你们一起见阎王去吧！"这么一下子，两个小鬼也开悟了。

只要心中还有贪念，就不能自已，内心就不会纯净。人只有清空了心灵，才能最大限度地获得生命的自由、独立。弘一法师生平最爱金石字画，准备出家前，他把自己珍藏的所有书籍、字画分赠给了学生，平生所有的印章，也都捐赠给了西泠印社，真所谓"赤条条去无牵挂"。

心中充满贪欲之人，时时刻刻都在算计自己想要的东西，得到了还想要更多，永远没有满足的时候。多少人因为贪欲，最后身败名裂，银铛入狱，不但害了自己，还害了家人。贪欲是困扰人心灵的蛛网，面对欲望要时刻保持清醒，克制自己，不贪、不占、不为私欲所蒙蔽，保持心灵的淡泊宁静。

贪欲心重的人往往常怀恐惧，因为他们害怕会失去心爱的东西，所以会想尽办法保有占据。朝野人士为了既得利益而争论不休，社会人士为了常保地位而互相倾轧，很多人都是贪图一时的享乐，最后弄得自己身败名裂，悔不当初。

人心一旦被贪欲控制，就永远没有消停和安静的时候。越是没有越想得到，得到了以后又觉得不过如此，于是又生出其他的贪求，周而复始，永无止境。这就是佛家的贪欲苦。要想解除这种痛苦，只有修身养心，不起贪欲，方可得到平和快乐。

"贪欲本无体，执境便成迷"，只要我们明白了贪欲之虚妄不实，心无妄求，那么无论什么样的境界来临，我们都能以正智观察，行无颠倒，自然不会忧悔畏惧。因此，《法句经》告诉我们，"无所贪欲，何忧何惧"？

3.走出心中的乾闼婆城

弘一法师在《晚清集》中辑入了"是身如掣电,类乾闼婆城,云何于他人,数生于喜怒"这么一句话,作为自省。这句话出自《诸法集要经》。乾闼婆城是指幻化之城,就像是海市蜃楼。其意思是说,人生如闪电般刹那间生灭,如同一座幻化的城市,是虚幻的,不是真实的。既然一切都不是真实的,就没有必要那么投入。

其实,每个人心中都有一座乾闼婆城,为了成为这座虚幻之城的主人,他们不断地争斗,拼命地谋取。人类社会所有的物欲、美色、财富、纷争,都是因为人们对人生没有透彻的认识。人们不但得不到幸福,反而成为痛苦的根源。只有看透人生观的虚幻本质,放弃那些不正常的欲望,才能得到真实的自由和快乐。

有个老魔鬼,看到人们的生活过得太幸福了,就说:"我们要去扰乱一下,要不然魔鬼就不存在了。"

他先派了一个小魔鬼去扰乱一个农夫。小魔鬼就想:要怎样才能让农夫变坏呢?于是,他把农夫的田地变得很硬,想让农夫知难而退。那农夫对着田地敲打了半天,做得非常辛苦,但他只是休息了一会儿,就又继续敲打坚硬的土地,没有一点抱怨。小魔鬼看到自己的计策失败了,只好摸摸鼻子回去了。

老魔鬼又派了第二个去。第二个小魔鬼想:既然让他更加辛苦也没有用,那么就拿走他所拥有的东西吧!于是,小魔鬼就把他的馒头和水偷走了。他想:农夫劳作那么辛苦,又累又饿,馒头和水却都不见了,这下子他一定会暴跳如雷!

农夫劳动了一上午,又渴又饿,来到树下休息,想不到馒头和水却都不见了！"不晓得是哪个可怜的人比我更需要那个馒头和水？如果这些东西能够让他不再饥饿的话,那就好了。"农夫坐在树下自言自语道,小魔鬼看到这里只好弃甲而逃了。

老魔鬼觉得非常奇怪,难道没有任何办法能够使这个农夫变坏？这时,第三个小魔鬼对老魔鬼说:"我有办法一定能够把他变坏。"

小魔鬼先去和农夫做朋友,农夫很高兴和他成为了朋友。因为魔鬼有预知的能力,所以他就告诉农夫,明年会有大旱,所以教农夫把稻种在湿地上,农夫便照做了。结果第二年,别人都没有收成,只有农夫的获得了大丰收,他也因此富裕起来了。

小魔鬼每年都会告诉农夫当年最适合种什么,三年下来,这个农夫就变得非常富有了。他又教农夫把米拿去酿酒贩卖,赚取更多的钱。慢慢地,农夫开始不亲自劳动了,靠着贩卖的方式,获得大量的金钱。

有一天,老魔鬼来了,小魔鬼就告诉老魔鬼说:"您看！我现在要向您展现我的成果了。这个农夫身体里现在已经有猪的血液了。"只见农夫举办了一个晚宴,所有富有的人都来参加。喝最好的酒,吃最精美的餐点,还有好多的仆人在旁边侍候。他们的吃喝非常浪费,一个个醉得不省人事,开始变得像猪一样痴呆愚蠢。

"您还会看到他的身上流淌着狼的血液。"小魔鬼又说。这时,一个仆人端着葡萄酒出来了,一不小心跌了一跤。农夫就开始骂他:"你做事怎么这么不小心？"

"哎！主人,我们到现在都还没有吃饭,饿得浑身无力。"

"事情没有做完,你们怎么可以吃饭？"农夫恶狠狠地说。

老魔鬼见了,高兴地对小魔鬼说:"你太了不起了！你是怎么办到的？"

小魔鬼说:"我只不过是让他拥有更多超出他的需要而已,这样就可以将他人性中的贪婪引出来。"

有人曾说过这样一句话,贪欲会随着金钱数量的增加而增加,而痛苦则会随着贪欲的增加而增加。有人被困在自己的乾闼婆城里，拼命地聚集财富，却完全忘记了积聚财富的目的。弘一法师说："从前常有人送我好的衣服或别的珍贵之物，但我大半都会转送别人。因为我知道我的福薄，好的东西是没有胆量受用的。"弘一法师出家后，生活清寒，而他却安于这种清寒的生活，并享受清淡生活的快乐。

《金刚经》说："一切有为法，如梦幻泡影，如露亦如电，应作如是观。"乾闼婆城是幻象，非真实。世间万法无常，如执著有我有常就痛苦了。起心动念，顺自己意思，生欢喜心；不合自己意思，生嗔恚心。不知道一切事都是假的，都是一场梦而已。

放弃一切虚幻的障碍，放弃不正常的欲望，用理智的生活态度去体验生活意义。根据自身的实际条件，去实现自己正常的、合理的欲望，实现自己的人生梦想。走出虚幻的乾闼婆城，你会发现，在真实的世界里，天是蓝的、草是绿的，生活无比轻松自由。

4.别因虚妄的东西而错过路上的风景

都说现代人活得累，活得不容易。这是因为人们都在为名忙，为利忙。忙得没时间休闲、没时间享受生活，从而错过了人生很多美好的东西。面对虚妄的名利，许多有德行的大师都极力将名声摘取，希望还自己一个轻松的身心。

弘一大师就曾对各种各样的名利一概拒之，视名利如浮云。面对别人送上门的吹捧，他决定处理没有完成的事情，将学人侍者等一概辞谢，去除一切功名，遂我初服。

苏东坡写过一句诗，叫："人似秋鸿来自信，事如春梦了无痕。"人世中的一切事、一切物都在不断变幻，没有一刻停留。今天世人还在追求的东西，明天就可能会被世人唾弃。对这种现象，佛教中叫"无常"，万事万物都在变化之中，不要为了追求一些虚妄的东西而让自己陷入忙碌之中，失去了享受人生的时间。

古人说："名是缰，利是锁。"尘世的诱惑如绳索一般牵绊着众人，一切烦恼、忧愁、痛苦皆由此来。别因这些虚妄的东西而错过路上的风景。

洞山禅师感觉自己将不久于人世。这个消息传出去以后，人们从四面八方赶来探望他，甚至连朝廷也派人前来。

洞山禅师走了出来，脸上洋溢着净莲般的微笑。他看着满院的僧众，大声说："我在世间沾了一点闲名，如今躯壳即将散坏，闲名也该去除。你们之中有谁能够替我除去闲名？"

殿前一片寂静，没有人知道该怎么办。

忽然，一个前几日才上山的小沙弥走到禅师面前，恭敬地顶礼之后，高声说道："请问和尚法号是什么？"

话音刚落，所有的人都向他投来埋怨的目光。有的人低声斥责小沙弥目无尊长，对禅师不敬；有的人则埋怨小沙弥无知，顿时，院子里又变得闹哄哄的。

洞山禅师听了小沙弥的问话，大声笑着说："好啊！现在我没有闲名了，还是小和尚聪明呀！"于是坐下来闭目合十，就此离去。

小沙弥再也忍不住眼中的泪水了，他泪流满面地看着师父的身体，为自己能在师父圆寂之前，替师父除去闲名而欣慰。

过了一会儿，小沙弥立刻就被人们围了起来，他们责问道："真是岂有此理！连洞山禅师的法号都不知道，你到这里来干什么？"

小沙弥看着周围的人，无奈地说："他是我的师父，他的法号我岂能不知？"

"那你为什么要那样问呢？"

小沙弥答道:"我那样做就是为了除去师父的闲名!"

"世之熙熙皆为利来,世之攘攘皆为利往"。世界上人事繁杂,常常让人痛苦不堪,多少人忙碌一生皆为名利,岂知面对诱惑时,只有能够超越名利,才能够达到内心的宁静与和谐。正如郑板桥先生词云:"名利竟如何,岁月蹉跎,几多风雨几晴和,愁风愁雨愁不尽,总是南柯。"人的生命是有限的,又何必被虚名浮利所累呢?何不停下脚步,欣赏一下路上的风景?

禅宗主张超越一切,只有学会超越,才能将世间的喧嚣置之度外,不为外界凡尘之事所烦扰。

神会禅师前去拜见六祖慧能,六祖问他:"你从哪里来?"

神会答道:"没从哪里来。"

六祖问:"为什么不回去?"

神会答:"没有来,谈什么回去?"

六祖问:"你把生命带来了吗?"

神会答:"带来了。"

六祖又问:"既有生命,应该知道自己生命中的真相了吧?"

神会答:"只有肉身来来去去,没有灵魂往往返返!"

六祖听完,抬起禅杖,打了神会一下。

神会毫不躲避,只是高声问:"和尚坐禅时,是见还是不见?"

六祖又杖打了三下,才说:"我打你,是痛还是不痛?"

神会答:"感觉痛,又不痛。"

六祖问:"痛或不痛,有什么意义?"

神会答:"只有俗人才会因为痛而有怨恨之心,木头和石头是不会感觉到痛的。"

六祖满意地说道:"这就是了!生命是要超越一切世俗观念,舍弃一切尘想与贪欲的。见与不见,又有什么关系?痛与不痛,又能怎样?无法摆脱躯壳的束缚,还谈什么生命的本源?"

六祖又说:"问路的人是因为不知道去路,如果知道,还用问吗?你生命的本源只有自己能够看到,你因为迷失了,所以才来问我有没有看见你的生命。生命需要自己把握,何必问我见或不见呢?"

神会默默礼拜合十。原来,生命的真谛就是要超越一切世俗观念,舍弃一切尘想与贪欲,因为,对于人来说,身外的一切都是多余的。

弘一法师一生不求名利,因为放下一切,心自空明,而得到了世人的信任与爱护。超出欲望的需求而追求品德的完善,是人格的伟大之处。对弘一法师来说,这个世界不存在一切束缚,因而他能来去自由、洒脱轻松。不为虚妄的东西所动,能够放下世间的一切假象,不为功名利禄所诱惑。有所为,有所不为,才能使心灵得到历练,才能摆脱物欲的控制,获得绝对的自由。

一个人对物质的需求过多,就看不清生活的真相。只有放下功名利禄,不沉湎于愚人爱乐的生活,才能品尝生活的真滋味,享受生命的真快乐。

在这个世界上,名与利通常都是人们追求的目标。谁不爱名利呢!名利能给人带来优裕的生活,显赫的地位。但是这些虚妄的东西,也会让人身心疲惫,忧愁烦恼;更会让人错过一些生活中原本美好的东西。

5.富贵人间梦,功名水上鸥

对名利的追求,已经渗入到人们的骨髓中了。真要让人放弃对名利的追求,无不如自断肱股,难而又难。但是谁又能保证这种"心想事成"的梦幻生活,能保持五年、十年,甚至更久?13岁的李叔同写出了"人生犹如西山月,富贵终如草上霜"的诗句,可谓禅意十足。后来,他自己也真正做到了视名利如浮云,飘然出家,成为一代宗师。

许多有德行的大师为了还自己一个轻松的身心,都极力将社会加诸于自己的名声摘去。弘一法师就曾对各种各样的名利一概拒之,他去除一切功名,孑然一身,遂我初服,在弘一法师眼中,名利如同浮云,不值一提。

弘一法师出家后,极力避免陷入名利的泥沼,以免自污其身,他从不轻易接受善男信女的礼拜供养。每到一个地方宣扬佛法,都要先立约三章:一不为人师,二不开欢迎会,三不登报吹嘘。他谢绝俗缘,很少与俗中人来往,尤其不喜与官场人士接触。

弘一法师在庆福寺闭关静修期间,有一官员慕名前来拜访。能与官员结交,应该是一般人求之不得的事情,然而弘一法师却拒不相见。无奈这位官员深慕法师大名,非见不可,弘一法师的师父寂山法师只好拿着这位官员的名片代为求情,弘一法师告诉师父,甚至流下了眼泪:"师父慈悲!师父慈悲!弟子出家,非谋衣食,纯为了生死大事,抛妻别子,况朋友乎?乞婉言告以抱病不见客也!"

官员无奈,只好怏怏而去。

学佛之人,心要皎洁如明月,淡泊如天空,这样才能做到无欲无争。与人与世无争,才能安心做一个淡泊的人。要想专注于修行,必须先安定心。弘一法师一生研修律宗,最后之所以能成为一代宗师,与他淡泊名利的性格是分不开的。

佛教告诉我们,只有解脱所有的束缚,扫除所有名利的浮云,才能自由安心地徜徉在禅的晴朗天空下。

有一位高僧,是一座大寺庙的方丈,因年事已高,便开始在心中思考着找接班人的人选。

一日,他将两个得意弟子叫到面前,这两个弟子一个叫慧明,一个叫尘元。高僧对他们说："你们俩谁能凭自己的力量，从寺院后面悬崖的下面攀爬上来，谁将是我的接班人。"

慧明和尘元一同来到悬崖下，那真是一面令人望而生畏的悬崖，崖壁极其险峻陡峭。身体健壮的慧明，信心百倍地开始攀爬。但是不一会儿他就从上面滑了下来。慧明爬起来重新开始，尽管这一次他小心翼翼，但还是从山坡上面滚落到原地。慧明稍事休息后又开始攀爬，尽管摔得鼻青脸肿，他也绝不放弃……让人感到遗憾的是，慧明屡爬屡摔，最后一次他拼尽全身之力，爬到半山腰时，却因气力已尽，又无处歇息，重重地摔到一块大石头上，当场昏了过去。高僧不得不让几个僧人用绳索，将他救了回去。

接着轮到尘元了，他一开始也是和慧明一样，竭尽全力地向崖顶攀爬，结果也是屡爬屡摔。尘元紧握绳索站在一块山石上面，他打算再试一次，但是当他不经意地向下看了一眼以后，突然放下了用来攀上崖顶的绳索。然后他整了整衣衫，拍了拍身上的泥土，扭头向着山下走去。

旁观的众僧都十分不解，难道尘元就这么轻易地放弃了？大家对此议论纷纷。只有高僧默然无语地看着尘元的去向。

尘元到了山下，沿着一条小溪流顺水而上，穿过树林，越过山谷……最后没费什么力气就到达了崖顶。

当尘元重新站到高僧面前时，众人还以为高僧会痛骂他贪生怕死，胆小怯弱，甚至会将他逐出寺门。谁知高僧却微笑着宣布，尘元将成为新一任住持。

众僧皆面面相觑，不知所以。

尘元向同修们解释道："寺后悬崖乃是人力不能攀登上去的。但是只要于山腰处低头下看，便可见一条上山之路。师父经常对我们说'明者因境而变，智者随情而行'，就是教导我们要知伸缩进退的啊。"

高僧满意地点了点头说："若为名利所诱，心中则只有面前的悬崖绝壁。天不设牢，而人自在心中建牢。在名利牢笼之内，徒劳苦争，轻者苦恼伤心，重者伤身损肢，极重者粉身碎骨。"然后高僧将衣钵锡杖传交给了尘元，并语重心长地对大家说："攀爬悬崖,意在堪验你们的心境,能不入名利牢笼,心中无碍,顺天而行者,便是我中意之人。"

慧忠禅师曾经对他的弟子说："青藤攀附树枝,爬上了寒松顶;白云疏淡洁白,出没于天空之中。世间万物本来清闲,只是人们自己在喧闹忙碌。"来来往往皆为名利。与人争,与世争,争来争去,都是在争夺名利。只有看淡名利,才能没有忧愁烦恼,达到更高的精神境界。

6.学会知足,在世无恼也无忧

知足常乐,是人生中一种难能可贵的修为,它能减少人生中诸多的忧愁烦恼。对于有过多贪欲的人来说,能够做到知足,实在是难上加难。对于习惯于沉沦生存欲望的人来说,能够做到知足更不是件容易的事情。

学佛之人提倡知足,而真正修行佛法得道的人,则会珍惜一切。在他们看来,一切都是来之不易的,都是无数的因缘际会才有的最后结果。他们懂得知足,对眼前的一切都倍加珍惜。弘一法师,淡泊物质,随缘生活。

弘一法师一条毛巾用了十八年,破破烂烂的;一件衣服穿了几载,缝补再缝补。有人劝他说："法师,该换新的了。"他却说："还可以穿用,还可以穿用。"

出外行脚,住在小旅馆里,又脏乱,又窄小,臭虫又多,有人建议说："换一间吧!臭虫那么多。"他如如不动地说："没有关系,只有几只而已。"

平常吃饭虽只有一碟萝卜干佐菜,弘一法师还是会吃得很高兴,有人不忍心地说："法师!太咸了吧!"他却知足地说："咸有咸的味道。"

弘一法师那颗容易知足的心,获得了一般人难以获得的坦然与宁静。常怀知足之心,你就能永远感受到生活的快乐,快乐对人生来说是很重要的。知足就懂得珍惜,珍惜万事万物会使心灵得到前所未有的满足,是一种难能可贵且又能给人带来幸福的生活态度。人只有在珍惜和知足中才能积累起富裕,生活才能过得安心。人要想过得快乐,就要有一颗懂得知足和珍惜的心。

知足常乐是一种看待事物发展的心情,而不是安于现状的骄傲自满。人要会透析自我、定位自我、放松自我,这样才不至于好高骛远,迷失方向,碌碌无为,心有余而力不足,弄得自己心力交瘁。

有一位青年,老是埋怨自己时运不济,发不了财,终日愁眉不展。

这一天,一个过路的老禅师问他:"年轻人,为什么不快乐?"

年轻人怒道:"我不明白,为什么我总是这么穷。"

"穷? 你很富有嘛!"老禅师由衷地说。

"这从何说起?"年轻人问。

老禅师反问道:"假如现在给你1千元,然后斩掉你一根手指头,你干不干?"

"不干。"年轻人毅然回道。

"假如给你1万元,然后斩掉你一只手,你干不干?"

"不干。"

"假如给你10万元,然后使你双眼都瞎掉,你干不干?"

"不干。"

"假如给你100万元,让你马上变成80岁的老人,你干不干?"

"不干。"

"假如给你1000万,然后让你马上死掉,你干不干?"

"不干。"

"这就对了,你已经拥有超过1000万的财富,为什么还哀叹自己贫穷呢?"老禅师笑吟吟地问道。

青年愕然无言,突然什么都明白了。

亲爱的朋友,如果你早上醒来发现自己还能自由呼吸,你就比在这个星期中离开人世的人更有福气。

如果你从来没有经历过战争的危险、被囚禁的孤寂、受折磨的痛苦和忍饥挨饿的难受……你已经好过世界上5亿人了。

如果你的冰箱里有食物,身上有足够的衣服,有屋栖身,你已经比世界上70%的人更富足了。

根据联合国"世界粮食日"数据显示,全球有36个国家目前正陷于粮食危机当中;全球仍有8亿人处于饥饿状态,第三世界的粮食短缺问题尤为严重。在发展中国家,有两成人无法获得足够的粮食,而在非洲大陆,有三分之一的儿童长期营养不良。

全球每年有600万学龄前儿童因饥饿而夭折! 如果你的银行账户有存款,钱包里有现金,你已经身居于世界上最富有的8%之列!

如果你的双亲仍然在世,并且没有分居或离婚,你已属于稀少的一群。

如果你能抬起头,面上带着笑容,并且内心充满感恩的心情,你是真的幸福了——因为世界上大部分的人都可以这样做,但是他们却没有。

如果你能握着一个人的手,拥抱他,或者只是在他的肩膀上拍一下……你的确有福气了——因为你所做的,已经等同于佛祖才能做到的。

如果你能读到这段文字,那么你更是拥有了双份的福气,你比这世界上20亿不能阅读的人幸福很多,不是吗?

看到这里,请你暂且放下书,然后非常认真地对自己说一句话:"哇! 原来我是这么富有的人! "是的,想想这些,你还有什么不快乐的呢?

做人不可让贪欲堵塞自己的心智,蒙蔽住自己的眼睛。物欲太强,会让人的灵魂变坏,变得永不知足,以至精神上永无宁静,永无快乐。

有位国王,天下尽在手中,照理说应该非常满足了吧,但事实并非如此。

国王自己也纳闷，为什么对自己的生活还不满意，尽管他也有意识地参加一些有意思的晚宴和聚会，但都无济于事，总觉得缺点什么。

一天，国王起个大早，决定在王宫中四处转转。当国王走到御膳房时，听到有人在快乐地哼着小曲。循着声音，国王看到是一个厨子在唱歌，脸上洋溢着幸福和快乐。国王甚是奇怪，他问厨子为什么如此快乐？

厨子答道："陛下，我虽然是个厨子，但我一直尽我所能让我的妻小快乐。我们所需不多，头顶有间草屋，肚里不缺暖食，便够了。我的妻子和孩子是我的精神支柱，而我带回家哪怕一件小东西都能让他们满足。我之所以天天如此快乐，是因为我的家人天天都快乐。"

有的人，大富大贵，别人看他很幸福，可他自己却身在福中不知福，心里老觉得不痛快；有的人，别人看他离幸福很远，他自己却时时与快乐相伴，这是因为他懂得知足。

现代人总是说他们很难快乐，那是因为他们有太多没有满足的欲望。这种不断攀升的欲望，促使他们努力去工作，去赚钱，虽然他们的钱越赚越多，但他们的生活节奏变得越来越快，也就越来越不觉得自己快乐。为了钱，我们东西南北团团转；为了权，我们上下左右转团团；为了欲，我们上下奔跑；为了名，我们日夜烦恼。这种不快乐就是来自于不知足，来自于太多的欲望。

贪，是人性的最大弱点，将一切美好的东西葬送，甚至把幸福的家庭都毁掉，如果我们学会以平常的心态对待事物，知足常乐，相信烦心的事会变得很少。

知足常乐，对事，坦然面对，所以欣然接受；对情，琴瑟合鸣，相濡以沫；对物，能透过下里巴人的作品，品出阳春白雪的高雅。只有知足，才能对内发现自己内心的快乐因素，对外发现人间的真爱与秀美自然，把烦恼与压力抛到九霄云外。

第三课

戒嗔：学会控制自己的脾气

1.嗔怒是一剂毒药

弘一法师在《晚清集》中记录："嗔恚这害，则破诸善法，坏好名闻，今世后世，人不喜见。"嗔怒心十分可怕，佛教中把"贪、嗔、痴"视为人生的三大毒药。嗔，又作嗔怒、嗔恚等，指仇视、怨恨和损害他人的心理，是对于讨厌的过分偏执。

有人说，愤怒总是以愚蠢开始，以后悔而告终。佛家亦有云："怒火烧了功德林。"意思是说，一个人经常发怒，会烧掉自己积累的功德。因为人一旦发怒，就会思维混乱，失去理智，怒火之下的人会做出愚蠢的事情。

有一个小女孩，她的父亲刚刚买了辆新轿车。对于这辆车，她的父亲非常珍爱，每次出行回来都会把它洗刷得干干净净，还要做精心的保养，以保持美观。

不料有一天，这个小女孩因为年幼不懂事，拿着硬物在新车上刮下了很多的刮痕。当她的父亲看到自己的爱车被刮得面目全非时，盛怒之下用铁丝把小女孩的手绑起来，然后吊着小女孩的手，让她在车库前罚站。

四个小时后，这位父亲才慢慢平静下来，这时他想起了被绑起来的女儿，当他匆忙回到车库时，女儿的手已经被铁丝勒得血液不通了！他立马把女儿送到急诊室，可此时为时已晚，小女孩的手已经坏死，医生说不截去手的话是非常危险的，甚至可能会危害到她的生命。

就这样，小女孩失去了一双手，年幼的她甚至不知道发生了什么。这位父亲的愧疚和懊恼可想而知。

大约半年后，这位父亲把轿车送进工厂重新烤漆，车子又像全新的一样了。当他把轿车开回家后，小女孩看着完好如新的车，天真地说道："爸爸，你的车好漂亮，看起来就像是新的一样。那么，你什么时候把手还给我呢？"

不堪愧疚折磨的父亲最后终于崩溃，举枪自杀。

弘一法师常用这句话警醒自己："嗔，是失佛法之根本；坠恶道之因缘；法乐之冤家；善心之大贼；种种恶口之认藏。"

佛家说，嗔怒是一切逆境上发生的憎恚心，为恶业的根本。当一个人的嗔怒心来的时候，他的无名怒火就把自己烧得心焦如焚、坐立不安，说出的话，做出的事，不仅伤害了别人，也伤害了自己。

怒气犹如藏在人体中的一桶烈性炸药，随时都可能酿成大祸。它炸掉的既可能是自己的身体，也可能是自己的事业，甚至是自己高贵的生命。愤怒就像决堤的洪水一样，能淹没人的理智，让人做出不可思议的蠢事。

历史上，怒火烧掉了不少辉煌灿烂的王朝。不管是君王一怒沙场见，还是冲冠一怒为红颜，多少人为此死无葬身之地。

有的人，受了点气，就气急恼火，失去理智，其结果往往是糟糕到不可收拾的地步。所以古人才留下了一句三字箴言——"怒思祸"。

一个武士向一位老禅师询问天堂和地狱的区别。

禅师轻蔑地说："你不过是个粗鄙的人，我没时间跟你论道。"

武士恼羞成怒，拔剑大吼："老头无理，看我一剑杀死你！"

禅师缓缓道："这就是地狱。"

武士恍然大悟，心平气和纳剑入鞘，鞠躬感谢禅师的指点。

禅师说："这就是天堂。"

一念天堂，一念地狱。人一旦有嗔怒之心，天堂也会变成地狱。俗话说"人生不如意事，十之八九"。伴随而来的常事，便是愤怒——肝火之冒，青筋暴露。既有来自于对事的，又有来自于对人的。然而在更多情况下，愤怒往往是解决不了问题的，反而会让事情变得更加糟糕。

中医对于"怒"有着更为精辟的论述。中医认为，怒皆由气而生，气和怒是两个孪生的兄弟。由怒忿不平，而怒火勃发。怒气会使"血气耗，肝火旺，怒伤肝"，这些常识早已被人们所熟知。而在现实生活中，还是不乏因生气、盛怒而身亡的人。

嗔怒是一把双刃剑，既伤害了别人，也伤害了自己，而往往对自己的伤害更重。所以，做人不要为嗔怒之火纠缠，要学会宽容和从容。境由心生，唯有心中有爱，心地清凉，才能克制怒从心头起，恶向胆边生，才不至于坠入嗔怒之火所造成的人间地狱。

2.学会忍耐,心自宽

佛家认为"贪、嗔、痴、慢、疑"是五种覆盖众生的心识,是不能明了正道的烦恼,也被称为"五毒"。人一旦有了嗔心,则会失去理智,失去正确的判断力,此时,"障"就会出现,阻碍人们的修行之路。弘一法师认为,"嗔"是要不得的,一旦沾染上就很难根除,不可不畏惧。《金刚经》告诉我们:"一切法得成于忍。"没有忍耐,什么事情都不能成就。

嗔怒是一种情绪化的行为,在我们常人看来,嗔怒有时无可厚非。当我们的自尊和利益受到损害的时候,自然会去责备别人,甚至出现一些不理智的暴力行为,这是再正常不过的事情了。愚蠢的人会深陷怒火不能自拔,而聪慧的人则会巧妙地化解怒火,不让嗔怒之火烧伤自己。

古时有一个妇人,特别喜欢为一些琐碎的小事生气。她也知道自己这样不好,便去求一位高僧为自己说禅论道,开阔心胸。

高僧听了她的讲述,一言不发地把她领到一座禅房中,落锁而去。

妇人气得跳脚大骂,只是骂了许久,也不见高僧理会她。妇人见此方法不行,又开始苦苦哀求,而高僧仍置若罔闻。妇人终于沉默了,这时高僧来到门外,问她:"你还生气吗?"

妇人说:"我只生我自己的气,我怎么会到这种地方来受这份罪。"

"连自己都不原谅的人怎么能心如止水?"高僧拂袖而去。

过了一会儿,高僧又问她:"还生气吗?"

"不生气了。"妇人说。

"为什么?"

"气也没有办法呀。"

"你的气并未消逝,还压在心里,爆发后将会更加剧烈。"高僧又离开了。

高僧第三次来到门前,妇人告诉他:"我不生气了,因为不值得气。"

"还知道值不值得,可见心中还有衡量,还是有气根。"高僧笑道。

当高僧的身影迎着夕阳立在门外时,妇人问高僧:"大师,什么是气?"

高僧将手中的茶水倾洒于地。妇人视之良久,顿悟,叩谢而去。

有句话说"生气是用别人的错误来惩罚自己"。怒气可能是因事、因人、因境而生,只要用一颗包容的心去面对世间的一切人和事,那么生活中就会除去很多烦恼。

嗔心一起,杀业即兴。嗔心会让人产生怨恨,怨恨生活中的一切。当嗔怒之心积累到一定程度的时候,心中就会出现恶念。一旦出现嗔怒之心,就要赶紧想办法去除,而去除"嗔心"最好的办法就是忍。佛说:"我不入地狱,谁入地狱。"就算世间万般苦难都降临到佛的身上,佛也不会生出"嗔心",就是因为佛能"忍"。

释迦牟尼佛教给我们忍耐。忍耐分为三大类。

(1)对人为的加害要能够忍受。

忍人家对你的侮辱、对你的陷害。能忍,绝对有好处。原因何在?因为能忍,所以心地清净,容易得定,修道容易成就,乃是最大的福报。

(2)能忍自然的变化。

如冷热、寒暑的变化,要能够忍;饥饿、干渴也要能够忍;遇到天然的灾害,则更要能够忍。

(3)对修行的忍耐。

佛法的修学也要忍耐。修行要有很大的耐心,没有耐心不能成就。耐心是佛的一大特征,不能忍耐就没有更进一层的境界;耐心也是精进的预备功夫,有耐心才谈得上精进。

忍辱就是先要基本的忍耐,无论做什么事情,都要有耐心。谈到忍,中国人什么都可以忍,甚至连杀头都可以忍,却只有对侮辱不忍,因此,当年翻译经卷的法师,在看到中国人的这一倔强的个性,就将"忍"这一名词译作忍

43

辱。辱都能忍,那还有什么不能忍的呢?所以忍辱是专对中国人倔强的个性而翻译的,其原来的字义只是"忍耐",没有辱的意思。其用意是告诉我们,小事情要有小的耐心,大事情要有大的耐心。

有一位学僧请教禅师说:"我脾气暴躁、气短心急,以前参禅时师父曾经屡次批评我,我也知道这是出家人的大忌,很想改掉它。但这是一个人天生的毛病,已成为习气,根本无法控制,所以始终没有办法纠正。请问禅师,您有什么办法帮我改正这个缺点吗?"

禅师非常认真地回答道:"好,把你心急的习气拿出来,我一定能够帮你改正。"

学僧不禁失笑,说:"现在我没有事情,不会心急,但只要一遇到事情,它自然就会跑出来。"

禅师微微一笑,说:"你看,你的心急有时候存在,有时候不存在,这哪里是习性,更不是天性了。它本来没有,是你因事情而生,因境而发的。你无法控制自己,还把责任推到父母身上,你不认为自己太不孝了吗?父母给你的,只有佛心,没有其他的。"

最后,学僧惭愧而退。

忍辱,就是对治嗔恨之心而言的。《金刚经》说"一切法行成于忍,无忍辱则布施持戒均不能成就"。佛教认为"忍耐"与六度的"忍辱"是不同的,忍辱比忍耐的层次更深。

如果不能轻易地忍辱,就先把辱拿回去,慢慢研究研究,看看这个辱到底是个什么东西。很多时候,在你想研究"辱"的时候,你根本就找不到它了。

很多人对忍辱不屑一顾,一旦遇到挫折和打击,便会嗔念顿起,怒火中烧。要知道忍辱不是叫你做缩头乌龟,而是让你不要因为外界的变化而内心产生变化。为此,你需要不断修炼自己,不断强大自己的内心,只有当你的内心足够大,胸怀足够宽广的时候,才没有什么事情能让你生气。不生气,"辱"

又从何来？所以能够忍辱的人，是最幸福的人，因为没有什么事情能让他烦恼，幸福自然相伴左右。

3.将人间毁誉当做耳畔清风

佛家把忍作为修行必须经历的过程。一个想修佛的人不但要学会忍，而且还要时时记住忍，把忍作为磨砺生命的第一要务。弘一法师对忍有自己的见解，他借一首诗表达了其对忍的看法：

度量如海涵春育，持身如玉洁冰清。
襟抱如光风霁月，气概如东岳泰山。

弘一法师想要表达的意思是，宽宏大量之忍就是忍常人所不能忍。俗话说"忍"字头上一把刀，忍就像拿刀割自己的心一样，是很痛苦的事情。但是人类为了生存必须学会忍，忍是人类适应自然选择和社会竞争的方式。一时不能忍，铸成大错，不仅伤人，而且害己，此为匹夫之勇。弘一法师说："己性不可任，当用逆法制之，其道在一'忍'字。"

在有的人眼中，忍常常被视为可欺。我们中国人认为忍是一种修养，是一种美德。忍能够磨炼人的意志，使人处事沉稳，面临厄运仍能泰然自若，面对毁誉仍能不卑不亢。

月船禅师是一位绘画的高手，可是他每次作画前，购买者必须先行付款，否则决不动笔。对于他的这种作风，社会人士颇有微词。

有一天，一位女士请月船禅师帮她作一幅画，月船禅师问："你能付多少酬劳？"

"你要多少就付多少！"那女子回答道，"但我要你到我家去当众挥毫。"

月船禅师允诺跟着前去，原来那女子家中正在宴客，月船禅师以上好的毛笔为她作画，画成之后，拿了酬劳正想离开。那女士就对宴桌上的客人说道："这位画家只知要钱，他的画虽画得很好，但心地肮脏；金钱污染了它的善美。出于这种污秽心灵的作品是不宜挂在客厅的，它只能装饰我的一条裙子。"

说着便将自己穿的一条裙子脱下，要月船禅师在它后面作画。月船禅师问道："你出多少钱？"

女士答道："哦，随便你要多少。"

月船禅师开了一个特别昂贵的价格，然后依照那位女士的要求画了一幅画，画毕立即离开。

很多人怀疑，为什么只要有钱就好？受到任何侮辱都无所谓的月船禅师，心里是何想法？

原来，在月船禅师居住的地方经常发生灾荒，富人不肯出钱救助穷人，因此他建了一座仓库，贮存稻谷以供赈济之需。又因他的师父生前发愿建寺一座，但不幸其志未成而身先亡，月船禅师要完成其志愿。

当月船禅师完成其愿望后，立即抛弃画笔，退隐山林，从此不复再画。他只说了一句这样的话："画虎画皮难画骨，画人画面难画心。"钱，是丑陋的；心，是清净的。

忍是一种无畏的力量，水知道忍，因此流水的力量最大，洪水泛滥，冲坝决堤，水滴石穿，磨圆石棱……

忍是事业成功的奠基石。"吃得苦中苦，方为人上人"，忍能让你超越平庸，让你平凡的人生闪烁光彩。只要你真有能耐，能默默忍耐这一切，不向命运低头，终有一天，命运是会向你低头的。

忍，不要用力，用力去忍的忍，是不长久的忍。有力者，"先忍之于口"，不在语言上和人计较；"再忍之于面"，脸上没有不悦的表情；"后忍之于心"，以慈悲心、平等心包容怨恨与差别。

山里有座寺庙，庙里有尊铜铸的大佛和一口大钟。每天大钟都要承受几百次撞击，发出哀鸣。而大佛每天都会坐在那里，接受千千万万人的顶礼膜拜。

一天夜里，大钟向大佛提出抗议说："你我都是铜铸的，可是你却高高在上，每天都有人对你顶礼膜拜、献花供果、烧香奉茶。但每当有人拜你之时，我就要挨打，这太不公平了吧！"

大佛听后微微一笑，安慰大钟说："大钟啊，你也不必羡慕我。你可知道，当初我被工匠制造时，一棒一棒地捶打，一刀一刀地雕琢，历经刀山火海的痛楚，日夜忍耐如雨点落下的刀锤……千锤百炼才铸成佛的眼耳鼻身。我的苦难，你不曾忍受，我走过难忍能忍的苦行，才坐在这里，接受鲜花供养和人类的礼拜！而你，别人只在你身上轻轻敲打一下，就忍受不了了！"大钟听后，若有所思。

忍受艰苦的雕琢和捶打之后，大佛才成其为大佛，钟的那点捶打之苦又有什么不堪忍受的呢？

忍是人的一种意志，也是人的一种品质，它反映的是人的修养。一个有修养的人，必定具备忍耐的意志和品质。

有人把忍分为三个层次：一叫外忍。为生计忍受，乃至适应诸多环境因素，但不能为外在环境所同化；二叫内忍。对自身产生的贪、忿、痴等，能自省、自重、自制，独善其身；三叫忍无可忍。即是将"忍"作为人生的常态，悟得真谛，识得真相，把握主动，随遇而安，得之淡然，失之泰然。此可谓"忍"的最高境界。

忍辱者能增长其力，养成平等互融之心境。净空法师亦言："忍辱，不但是要忍受别人给予的辱，同时更要忍自己遭遇的境，要于穷困痛苦的逆境

47

中,忍颓丧卑贱之念不生;于富贵顺利的佳境中,忍骄矜沉迷之念不生;于不顺不逆、万法生灭的常境中,忍随俗浮沉之念不生。"

如果人能把外界的闲言碎语当作耳畔清风,由它来去,我自岿然不动,就会除却很多烦恼,拥有一个清静的人生。

4.灭一点嗔心,关百万障门

《华严经》上说:"一念嗔心,能开百万障门。"

弘一法师说:"嗔习最不易除。古贤云:'二十年治一怒字,尚未消磨得尽。'但我等亦不可不尽力对治也。"佛教认为"嗔"是人生的三毒之一。一个人在平静时,有自己的做人原则,但是一旦别人冒犯了自己,不由得会怒不可遏,火冒三丈,而自己可能会被心中的怒火冲昏了头脑,做出蠢事,不但伤害了别人,也会伤害到自己。

嗔是人生的烦恼和不幸的根源之一。宽容别人,就是宽容自己。一个人要想生活的幸福,就要有一颗"海纳百川"的心,用宽广的胸怀来容纳一切可能引起自己嗔怒的事情,不拿别人的过错来惩罚自己。

佛陀说:"对愤怒的人,以愤怒还牙,是一件不应该的事。对愤怒的人,不以愤怒还牙的人,将可得到两个胜利:知道他人的愤怒,而以正念镇静自己的人,不但胜于自己,而且胜于他人。"

有位青年脾气很暴躁,经常和别人打架,大家都不喜欢他。

有一天,这位青年无意中游荡到了大德寺,碰巧听到一位禅师在说法。他不能参透禅师的意思,于是法会后留下来对禅师说:"师父,什么是忍辱?难道别人朝我脸上吐口水,我也只能忍耐地擦去,默默地承受!"

禅师听了青年的话,笑着说:"哎,何必呢?就让口水自己干了吧,何必擦掉呢?"

青年听后,有些惊讶,于是问禅师:"那怎么可能!为什么要这样忍受呢?"

禅师说:"这没有什么不能忍受的,你就把它当做蚊虫之类的东西停在脸上,不值得与它打架,虽然被吐了口水,但并不是什么侮辱,就微笑地接受吧!"

青年又问:"如果对方不是吐口水,而是用拳头打过来,那可怎么办呢?"

禅师回答:"这不一样吗?不要太在意!只不过一拳而已。"

青年听了,认为禅师实在是岂有此理,终于忍耐不住,忽然举起拳头,向禅师的头上打去,并问:"和尚,现在怎么办?"

禅师非常关切地说:"我的头硬得像石头,并没有什么感觉,倒是你的手,大概打痛了吧?"

青年愣在那里,实在无话可说,火气消了,心有大悟。

禅师身体力行地告诉青年什么是"忍辱"。只要他心无一辱,那么青年的心头火再大也伤不到他半根毫毛。这就叫离相忍辱。

学会排解愤怒,也是道德修养的表现。养身贵在戒怒,戒怒就是养怡身心,尽量做到不生气、少生气,性格开朗,心胸开阔,宽宏大量,宽厚待人,谦虚处世。

容易动怒的人,光知道排解怒气是不行的,还要知道如何让自己制怒,学会让自己尽量不发脾气,不轻易动怒,才是上策。这就要求我们要有一颗包容的心,事事宽容。

宽容是一种修养,也是一种风度。以海纳百川的胸怀宽以待人,才能让自己心态平和,心胸开阔,心里永远充满阳光。

人常说:"生气是拿别人的错误来惩罚自己。"在怒火中放纵,无异于燃烧自己有限的生命。人生苦短,值得我们用心去品尝的东西实在太多,耗费时间和精力去生气,可以说是真正的愚行。其实,人生多一点豁达,多一点宽容,多一点感悟,多一点理性,愤怒的情绪便会化为虚无。

很多的人心中都有嗔念,只是人们自己意识不到而已。脾气大、恨人、怨天尤人都是嗔,都是由嗔念而引发的行为。

有位金代禅师非常喜爱兰花,平日弘法讲经之余,会花费许多的时间栽种兰花。

一天,金代禅师要外出云游一段时间,临行前交待弟子,要好好照顾寺里的兰花。

金代禅师走后,弟子们小心翼翼地照顾这些兰花。但是有一天,一个弟子在浇水时不小心将兰花架碰倒了,所有的兰花盆都跌碎在地,兰花也散落满地。弟子们都因此而感到非常恐慌,打算等师父回来后,向师父赔罪领罚。

金代禅师回来了,闻知此事,便将所有的弟子都召集起来,但他不仅没有责怪弟子们,反而说道:"我种兰花,一来是希望用来供佛,二来也是为了美化寺里环境,不是为了生气而种兰花的。"

如果一个人能够时时刻刻都能用一颗宽容、豁达的心去面对世间的人与事,那么他在生活中,就会除却很多烦恼,每时每刻都会拥有一颗宁静的心。

心理学认为,愤怒是一种不良情绪,是消极的心境,它会使人闷闷不乐,低沉阴郁,进而阻碍情感交流,导致内疚与沮丧。有关医学资料认为,愤怒会导致高血压、溃疡、失眠等。据统计,情绪低落、容易生气的人患癌症和神经衰弱的可能性要比正常人大。同病毒一样,愤怒是人体中的一种心理病毒,会使人重病缠身,一蹶不振。

当你生起嗔恨之心时,心中就会像是火烧一般。大乘认为,世间一切皆是自心所显,因此,嗔心所显即为地狱道的境遇。

我们可能都遇到过这样的情况,有的人平常看来是一个好人,但一旦生起嗔恨心时,他就会变成另一个人了。脸色变了,口上说出各种恶语,像是魔鬼一样可怕。

佛学认为愤怒是一种邪妄,是由心地不净引起的,而解除愤怒的方法是"忍"。《成唯识论》卷九说:"忍以无嗔、精进、审慧及彼所引起的三业为性。"这里把安于受苦受害而无怨恨的情绪,以及能认可佛教真如的信仰当作"忍"的内容。此外,《六度集经》第三章亦有"忍不可忍者,万福之原"之说。

嗔怒之心害人害己,要想生活的幸福、安然、自在,必须要学会制怒。有句话说得好,"退一步海阔天空,忍一时风平浪静"。制怒是身心健康的基石,是维护人际关系的润滑剂,是工作顺利的阶梯,是事业成功的保障。

5.努力克服自己的情绪

弘一法师说:"有才而性缓,定属大才;有智而气和,斯为大智。"意思是说,大才、大智,不是只看本领,还要看性情,即控制情绪的能力。否则,不能冠之以"大"。弘一法师出家后,之所以能成为一代宗师,与他良好的情绪控制能力是分不开的。

弘一法师一向为人平和,在出家之前,他就能很好地控制自己的情绪。很多老师都为学生上课不守纪律而头痛,因为不能很好地控制情绪,他们甚至为此对学生恶语相向。弘一法师在教音乐课时也遇到过这种情况。

有的学生上课时会有出格之举。比如上音乐课时,或是不好好唱歌而去干别的事情,又或是吐痰在地板上。这些学生以为弘一法师看不见他们的行为,其实弘一法师什么都知道,只是没有立刻责备他们。

一直等到下课后,弘一法师才会用很轻而严肃的声音郑重地说:"某某,等一等出去。"待到别的同学都出去了,教室里就他们师生二人在时,他又用轻而严肃的声音向这位同学和气地说:"下次上课时不要干别的事情。"或者:"下次吐痰不要吐在地板上。"说完之后,他还会微微一鞠躬,表示"你出去吧"。

被教育的学生大都脸上发红,但他们无一不是心悦诚服。

弘一法师不是没有情绪,只是他能很好地控制自己的不良情绪,并且用另一种方法表达了自己的情绪。从而达到了"随风潜入夜,润物细无声"的教书育人目的。

医学心理学并不鼓励人们不加克制地任凭情绪反应发展,也不认为"压抑"是适当的方法,但却赞同对于情绪作用有适当的控制。这里的控制,并非完全禁抑情绪的作用,而是要使情绪有适当的表现。

许多人在心情不愉快时,会使自己陷入一种含有敌意的沉默当中。实际上,如果能把这种不快适宜地表达出来,便会感到某种真正的轻松和愉快。由于人们不可能完全避开苦恼,所以,学会把不愉快的情绪适当表达出来,对人的身体和精神上的健康都是很重要的。

潮起潮落,冬去春来,夏末秋至,日出日落,月圆月缺,雁来雁往,花开花落,草长莺飞,万物都在循环往复的变化中。人也一样,情绪也时好时坏。但人是理性动物,应该要学会控制自己的情绪。

从前有一个青年,在成长的过程中,总是无法控制住自己的情绪,一旦遇到不如意的事情,就会无理取闹或者乱发脾气。时间长了,他的朋友变得越来越少,甚至每当青年一出现,原本在开心聊天的朋友们就都走开了。青年为此非常郁闷。

于是,青年去向一位禅师请教,禅师没有多说什么,只是给了他一袋钉子并告诉他,每次发脾气或者和别人吵架时,就在院子的篱笆墙上钉一个钉子。

第一天青年在墙上钉了37根钉子,后面的几天他学会了控制自己的脾气，每天钉的钉子也在逐渐减少。青年发现，控制自己的脾气，实际上要比钉钉子容易得多。终于有一天，他一根钉子都没有钉，他高兴地把这件事告诉了禅师。

禅师对他说："从今以后，如果你一天都没有发脾气，就可以在这天拔掉一根钉子。"日子一天一天过去，最后，青年钉在墙上的钉子全被拔光了。

禅师带他来到篱笆墙边上，对他说："孩子啊，你做得很好，可是看看墙上的钉子洞，这些洞永远也不可能恢复了。就像你和一个人吵架，说了些难听的话，你就在他心里留下了一个伤口，那个伤口就像这钉子洞一样，难以愈合，无论你事后怎么道歉，伤口总是在那里。要知道，身体上的伤口和心灵上的伤口一样都难以恢复。另外，拔掉一个钉子需要的力气远远高于钉钉子的力气。你的亲人和朋友是你一生中最为宝贵的财富，他们让你开怀，让你更勇敢，给你爱和力量、自信和信心。他们总是快乐着你的快乐，幸福着你的幸福，分担着你的悲伤和忧愁。当你有困难的时候，他们会毫不犹豫地支持你；当你开心快乐的时候，他们比你更开心；当你成功的时候，他们给予你力量和支持！"

古今中外，因不能克服自己的情绪，从而酿成悲剧的事情太多太多。要学会努力克服自己的情绪，做情绪的主人，不要做情绪的奴隶。

生活中，我们总能听到这种抱怨："烦死了，这过的叫什么日子啊！"却很少听过有人说："啊，我真幸福！"境由心生，我们有什么样的情绪，就有什么样的心境；有什么样的心境，就有什么样的行为。当我们不能控制自己的情绪时，我们便成为情绪的受害者。

如果我们陷入焦虑之中，就去看看是否是因为面临的不确定性在增加，且事情超出了自己的能力；如果有了猜忌心，那么就去反思一下，是自己的自尊心太强，还是感觉到了不被信任。

在克服自己的情绪时，要不断地调整自己，使自己摆脱消极情绪的控制，这样就有力量来面对不如意的现实。当感到自己情绪消沉或者沮丧的时候,可以用转移注意力的方法改变它,比如出去散散步,听听音乐,打打球,或是逛逛商店;也可以向知心的朋友倾诉一下。

有一句话说得好:"播种一个信念,收获一个行动;播种一个行动,收获一种习惯;播种一种习惯,收获一种性格;播种一种性格,收获一种命运。"播种一种什么样的情绪,就将会收获什么样的人生。我们如果能克服自己的情绪,就能赢得好人缘,赢得成功的人生。

6.学会修炼"定火功夫"

弘一法师在《格言别录》中记录:"吕新吾云:'心平气和四字,非有涵养者不能做,功夫只在定火。'"

看一个人是不是有涵养,就看他遇事是不是心平气和。如果一个人没有"定火功夫",遇到鸡毛蒜皮的事情就乱发脾气,那么他不可能是一个有涵养的人。这是弘一法师给我们推荐的简易识人法,同时也是他为人处世的座右铭。"定火功夫"也是一种修养,修养的过程就是战胜自我的过程。

在日常生活中我们常常会遇到很多情绪激动的人,他们可能心眼不坏,但就是沉不住气,遇事就发火,这种性格其实非常惹人讨厌。喜怒哀乐,属人之常情,谁都会有,但是动不动发火,就会破坏内心的和谐。因此,控制好自己的情绪,修炼一下"定火功夫"是我们每个人都必须的。

有一次,正值下课期间,一个平时很顽皮的学生在教室里喊道:"李叔同在哪儿?"在当时的社会环境下,学生直呼老师的姓名是一种很不礼貌的行为,是要受到处分的。尽管这可能是哪个学生因为一时兴起、图个好玩而已。

那个顽皮的学生并不知道,此刻,李叔同就在隔壁教室。听到学生的呼喊,李叔同便起身推开门,面向学生,温和地问了声:"什么事?"语气里没有丝毫的不满。

结果,那个学生被吓得无言以对,顿时跑得无影无踪了。事后,李叔同并没有把这件事放在心上,就跟没有发生过一样,此后也没有再提起。

有人说,人生最大的敌人就是自己。我们能战胜强大的敌人,但不一定能战胜我们自己。只有战胜自己内心的狂躁,控制好自己的情绪,打败自己心中那股"无名业火",我们才能行走于世间,且立于不败之地。在这一点上,弘一法师给我们做出了很好的榜样。

谨慎坚守善良的本性,则心灵安定;能控制自己的情绪,则心平气和。"情绪"是人与生俱来的,在每个人身上都会有所体现。不能控制自己情绪的人,不管做什么事情,精力都不能集中,不能真正地静下心来思考问题。做事也是知难而退、半途而废,自然也不会取得什么成就。

在日常工作、生活的待人接物中,我们常常会受到情绪的影响,头脑一发热,什么话都说得出口,什么蠢事都做得出来。可能因为一言不和,便与人大打出手,甚至拼上性命;又可能因为别人给的一点假仁假义,而心肠顿软,大犯错误。这种因情绪的浮躁、不理智而犯的过错不胜枚举,大则失国失天下,小则误人误己误事。事后冷静下来,自己也会意识到自己做错了,但那时为时已晚。

要想把握自己,必须控制住自己的各种情绪。如果你能控制自己的情绪,那么你的一生将会受益无穷。

一天,美国前陆军部长斯坦顿来到林肯那里,气呼呼地说一位少将用侮辱的话指责他偏袒一些人。林肯建议斯坦顿,写一封内容尖刻的信回敬那家伙。

"可以狠狠地骂他一顿。"林肯说。斯坦顿立刻写了一封措辞强烈的信,然后拿给总统看。

"对了！对了！"林肯高声叫好，"要的就是这个！好好地训他一顿，真写绝了，斯坦顿。"

但是当斯坦顿把信叠好装进信封里时，林肯却叫住他，问道："你干什么？"

"寄出去呀。"斯坦顿有些摸不着头脑了。

"不要胡闹。"林肯大声说，"这封信不能发，快把它扔到炉子里去。凡是生气时写的信，我都是这么处理的。这封信写得好，写的时候你已经解了气，现在感觉好多了吧，那么就请你把它烧掉，再写第二封信吧。"

能控制自己的情绪，遇事三思而行，这样的人生会减少很多烦恼。一个不能控制自己情绪的人，是不可能成就大事的。一个人要想做成大事，需要有稳定的情绪和成熟的心态。缺乏对自己情绪的控制，是做事的大忌。

三国时，诸葛亮和司马懿在祁山交战。诸葛亮千里征战，一心想要速战速决。而司马懿则采取以逸待劳、坚壁不出的策略，空耗诸葛亮士气，然后伺机求胜。诸葛亮面对司马懿的闭门不战，无计可施，最后想出一招，送一套女装给司马懿，以羞辱他乃小女子也。然而司马懿并没有因此勃然大怒，他甚至落落大方地接受了女儿装，但依旧坚壁不出。就是足智多谋的诸葛亮对他也是无计可施。

只有控制好自己的情绪，才不至于在做决策时受情感的支配，以致酿下大错。人不可能永远处在好情绪之中，生活中既然有挫折、有烦恼，就会有情绪。这时不妨停下来，放松身心，通过不断地修炼，控制好自己的情绪，做自己情绪的主人。

第四课

戒痴:世事多纷扰,看淡心自安

1.不为空无的事情担忧

弘一法师的一生颇具传奇色彩,他做过很多事情,并且几乎是做什么都成功,都精彩。这份成功与他"活在当下"的人生哲学是分不开的。夏丏尊先生曾经将弘一法师做人的特点评价为"做一样,像一样"。

少年时做公子,像个翩翩公子;中年时做名士,像个风流名士;演话剧,像个演员;学油画,像个美术家;学钢琴,像个音乐家;办报刊,像个编者;当教员,像个老师;做和尚,像个高僧。弘一法师何以能够做一样像一样呢?就是因为他做一切事都"认真地,严肃地,献身地"做的缘故。

石屋禅师说:"过去事已过去了,未来不必预思量。只今便道即今句,梅子熟时栀子香。"昨天、今天、明天,这三者关系看起来密切,都需要我们关心。但仔细想想，这种关心是毫无意义的。昨天，已成为往事，成为历史，不管你是快乐还是忧伤，它都已成为过去，所以不要为昨天的事犯愁；明天，还没有来到，是未来，未来会发生什么事，我们谁也不知道，所以不要为明天的事烦扰；今天，就在眼前，是我们拥有的，抓住眼前的分分秒秒，尽自己最大的努力做好自己的事情，这样才活得真实，活得轻松，活得幸福。

"天下本无事，庸人自扰之"。庸人是什么？是迷惑，是颠倒，是自生烦恼。古人说："知事多时烦恼多。"这是告诉我们别多事，多事会使你心不清净，让你丢掉了清净心。对于一些我们不知道的事情，不了解的事情，空无的事情，我们无谓地去担心，去忧虑，不是在自寻烦恼吗？

在现实生活中，很多人都无法专注于"当下"，专注于"眼前"。他们总是在思考离自己很遥远的事情，甚至是与自己无关的事情，从而白白耗费自己的精力。他们对眼前的事情毫不为意，却对未来的事情念念不忘。未来是个未知数，只有做好了眼前，我们未来的一些想法才可能实现。如果一味地只考虑未来，那就成了空中楼阁，永远也不会快乐，永远有烦恼。

灵佑禅师住持沩山后，收了两位高徒，即仰山与香严。

在禅堂内，灵佑禅师对他俩说："无论是在过去、现在和将来，佛理都是一样的，每个人都可以找到解脱之道。"

仰山问："什么是人人解脱之道？"

灵佑禅师回头看看香严说："寂子提问，你为什么不回答他？"

香严说："如果说过去、现在和将来，我倒是有个说法。"

仰山问："你有个什么说法？"

香严打了一声招呼就走出去了。

灵佑禅师又问仰山："他这样回答，合你的意吗？"

仰山回答："不合。"

灵佑禅师又问："那你的意思是什么？"

仰山也告别一声就出去了。

灵佑禅师呵呵大笑,叹道:"真是水乳交融啊!"

佛家认为人生无常,事事无常,有太多的事情是我们不能把握、不能预料的。过去的已经过去了,未来的还没有来到,还不属于我们,我们能做到的唯有把握当下。

过去,已成水中月,镜里花,抓不住,捞不出。未来,尚是蛋中鹅,能否变鹅,何时变鹅,我们对此一无所知。只有现在,可看可感、可抓可握,具具体体、实实在在。

当下,即是现实生活。或许充满荆棘,或许遍布鲜花;或笑谈,或泣诉;或沉海底,或浮天空。但无论如何,都在当下,都属于此刻的我们。人生不是徘徊,不是等待,人生最美的时候就是现在。

日本有位禅师叫亲鸾,他的出家故事也相当传奇。

年方九岁的亲鸾请求慈镇禅师为他剃度。

禅师问:"你这么小的年纪,为何出家?"

亲鸾答:"年虽九岁,父母双亡。我不知人为何会亡,不知父母为何非得离开我,我要出家探究这些道理。"

禅师一听,心里暗中高兴,认为此犊可教,将来必成法门龙象。

禅师说:"今天已迟,明日再给你剃度吧。"

诸位,你想亲鸾会是如何回答?

亲鸾复道:"师父,我比较年幼无知,难保出家决心会延持到明天,而且你毕竟年高体衰,也难保你明早就能活着起床,还是现在当下剃度吧。"

禅师一听,击掌叫好:"对,现在当下就剃度!"

过去,过去的过去,由过去当下组成。未来,未来的未来,亦由现在的当下而去。好好地把握现在,活在当下,活好当下。很多生活的烦恼、不幸福,就是不能活在当下,总是为过去、未来的事情烦恼。

佛教有句话说:"过去的过去,未来的未来,现在的现在。"过去的已经过去,未来的还没有来到,都是空无的事情,为这些事情烦恼、担忧都是不明智的。

活在当下,幸福不在远方。所以,不要为逝去的"过往"而后悔,也不要为未知的"将来"而担心,应该聪明地把握"现在"。把握现在,珍惜所有,活在当下就是人生最大的幸福!

2.人生的意义不在于占有,而在于体验

弘一法师一生所追求的不是占有,而是不断地体验。为了求证生命,弘一法师放弃一切名利,甚至连妻儿也不要了,在虎跑寺断食、剃度,出家做了和尚。弘一法师后来又在玉泉寺住了一阵。之后,便去了泉州。最后成为南派律宗的一代宗师。

弘一法师在音乐、美术、书法、话剧、文学、教育、篆刻等领域都有很深的造诣。他的一生都在不断的体验中度过,几乎做一样,像一样。

人的一生存在无限种可能,也有无限种美好,但这些需要我们用心地去体验。如果我们一心只想去占有什么,只想着让名利充满自己的心间,就会生出无限的烦恼与忧愁,如此一来,又怎么体验生命的美好。

人的一生会有许多追求,在追求过程中,我们会在不知不觉中拥有很多。有的东西是我们必需的,有些东西则完全用不着。那些无用的东西,反而会成为我们前进的负担,让我们在追求的时候,忽略了人生的意义,错过了生命的美好。

一日,有个叫玄机的和尚对自己的苦心修行非常不满,心道:"我整日打

坐,是逃避吗？打坐,就是为了心无杂念,如果靠打坐才能达到这样的效果,打坐和吸食鸦片有什么两样呢？"

他眼神中充满了迷惘,目光渐渐黯淡了。然后他起身去拜见雪峰禅师,希望能从他那里得到答案。

雪峰禅师看着眼前的这个人,觉得他虽然有向佛之心,但是本性中有许多缺点不自然地表露了出来,于是点点头,问道:"你从哪里来？"

"大日山。"

雪峰微笑,话里暗藏机锋:"太阳出来了没有？"意思是问他是否悟到了什么禅理。

玄机以为雪峰是在试探他,心想:要是连这个我都答不上来的话,这几年学禅,岂不是白白浪费时间了吗？

于是便扬着眉毛说:"太阳出来了,雪峰岂不是要融化？"

雪峰叹息着又问:"您的法号？"

"玄机。"

雪峰心想:这个和尚太傲了,心里装的东西也太多了,且提醒一下吧！

于是问道:"一天能织布多少？"

"寸丝不挂！"

玄机心想:就凭这个也想考住我玄机和尚,真是太小瞧我了！

雪峰看他这样固执,不由得感叹道:"我用机锋来提醒他,他却和我争辩口舌,自以为是,却不知心中已经藏了多少名利的蛛丝！"

玄机看雪峰无话可说,便起身准备离去,脸上还是一副得意的神态。他刚转过身去,雪峰禅师就在身后叫道:"你的袈裟拖地了。"

玄机不由自主地回过头来,见袈裟好好地披在身上,只见雪峰哈哈大笑道:"好一个寸丝不挂。"

占有的太多,就会被物欲遮蔽了双眼;总是在名利的圈子里打转,心中便会生出更多的杂念。人的生命是有限的,占有得再多,将来也带不走一丝一毫。生命是一个过程，而每个人的生命只有一次，何不减少一些物欲，静下心来，体验生命的美好。

有人活着为了追求欲望的满足，放不下、舍不得，因此错解了生命的意义，到头来依旧是一场空，不管人在这一生中，得到什么，或失去了什么，都是一些带不走的尘沙，唯一获得的就是在生命的过程里，体验生命的智慧。

生活的意义在于自我的成长，生命的价值在于与他人分享。生活是个人的成长，生命是个人与群体、与历史关系的互动。个人的成长，在于安身立命、培养人格、奠定自己立身处世的道德规范；生命的分享，在于社会责任和历史责任的承担与延伸。因此，生活的规范有限，生命的价值无限。

3.世事无常，何必执著

弘一法师推崇"自处超然，处人蔼然。无事澄然，有事斩然。得意淡然，失意泰然"。这实际上也是在推崇一切顺其自然，不执著，不强求。有的人会对人和事百般强求，非要满足自己不可，而结果却未必能如己所愿。

佛教中有一个名词，叫"世事无常"。人世中一切事，一切物都在不断变幻，没有一刻停留。万物有生有灭，不会为何人何事停滞不前。禅宗里有一句话"万物唯心造"。弘一法师认为这个世界无善无恶、无爱无憎，不存在一切束缚，所以他能来去自由，洒脱轻松。

《金刚经》中说："一切有为法，如梦幻泡影；如露亦如电，应作如是观……梦者是妄身。幻者是妄念。泡者是烦恼。影者是业障……"人之所以有太多的烦恼，就是因为太执著。人心如执著于世间万物，就会有千种折腾、万般烦恼；人心如能顺其自然，人生就处处自由、时时洒脱。

大和尚与小和尚二人结伴下山,到集市上购买寺院一周必需的粮食。去集市的路有两条,一条是远路,需绕过一座大山,蹚过一条小溪,来回近一天的路程;一条是近路,只需沿山路下得山来,再过一条大河即可,不过河上有一座年久失修的独木桥,搞不好哪天就会桥断人翻。

大和尚和小和尚自然走的是近路,毕竟远路太远,一天一来回,既费时又费力。他们轻松地下得山来,正准备过桥时,细心的大和尚发现独木桥的前端有一丝断裂的痕迹。他赶紧拉住低头一路前行的小和尚:"慢点,这桥恐怕没法过了,今天我们得回头绕远路了。"小和尚经大和尚的提醒,也看到了桥上的断痕,但他却说:"回头?我们都走到这儿了,还能回头么?过了桥可就是镇上了,回头绕远路那还得有多远啊?我们还是继续赶路吧,桥或许还能撑得住。"

大和尚知道小和尚性格倔强,见他执意要过桥,便不再言语,只是抢道走到了小和尚的前面,并随手捡了块石头。只听到"砰"的一声,腐朽老化的独木桥应声而落,掉落在三四丈下湍急的河流中。偌大的独木桥竟经不起大和尚手中小石块的轻轻一敲!小和尚惊得半天说不出话来,既庆幸自己还没来得及踏上危桥,又为自己的鲁莽倔强和固执而感到羞愧。

在回头的路上,小和尚感激而又疑惑地对大和尚说:"师兄,刚才幸亏你的投石问路,要不然,我可要葬身鱼腹了。你说,我当时咋就那么蒙呢?满脑子想的都是回头太难,过了桥便是镇上了,绝不能回头。压根儿就没想过桥万一真垮了该怎么办。"

大和尚不无深意地说:"只要懂得放弃,其实回头并不难。"

一位弟子问佛陀:"请问世尊,您能否用一句话来概括您一生中所有的教化?"佛陀说:"可以,我所有的教化用一句话概括,就是'一切都不可执著'。"所谓执著即愚痴,无理的固执自己的见解或习性,使自己无法变通,无法客观和虚心地接受各种知识,自然就无法提升自己的境界。

自然界中有些动物非某种食物不吃,例如蚕非桑叶不吃,熊猫非箭竹不吃,结果严重地影响了自己生存和发展的机会。佛在菩提树下悟道时,说了一句令人深省的话:"一切众生皆有如来佛性,只因妄想执著不能证得正果。"由此可知,妄想及执著是妨碍。

做事不可执著一念,应灵活处置,否则必伤害身心,于人于己都不利。譬如下棋,输赢之争本为游戏,若为一局输赢争得面红耳赤,吵得不可开交,恐怕就偏离了游戏的真谛。

常见有人为一句话而起争执,其实大多是因为误会。说者无心,听者有意,以为对方的话是指桑骂槐、含沙射影,觉得话里有弦外之音、言外之意。这种人往往过分地敏感,时刻有一种防卫心理。长此下去,则心理越发脆弱,性情日益暴躁,动辄大喊大叫、歇斯底里。有的心灵日益封闭、不愿与人交流,凡事闷在心中,一旦受到触发则如火山喷发一般,令人不寒而栗。所以听人说话,应多向好处联想,常以君子之腹度之,若无关重大原则问题,则不必较真、执著。

一个商人有一个幼女。他非常珍爱这个小女儿,觉得没有她就活不下去。有一天,商人到外地去做生意,这时,强盗来了,他们烧毁了村庄并绑架了孩童,包括商人的小女儿。当商人返家时看到被毁掉的家园,伤心欲绝,他四处寻找自己的孩子,却遍寻不着。

在极度忧心与绝望的状况下,他看见一具被烧焦的小孩尸体,他认为那就是自己的小女儿,从而认为自己的孩子已经死了。商人抱着孩子的遗体哭了整整一天一夜,接着为孩子举行了焚化的仪式。因为实在太爱自己的女儿了,商人便将孩子的骨灰包在一个美丽的天鹅绒布袋里,带在身边须臾不离,这样女儿就能时刻陪伴在他身边了。

一天深夜,被绑走的小女孩终于设法脱逃出来,她好不容易回到家里,开心地敲了敲父亲的门。

"是谁在敲门?"商人大声说。

"是我,爸爸,你的女儿。"女孩说得很迫切。

然而商人认为这一定是有人在搞恶作剧，因为他相信自己的孩子已经死了。

他说："走开，调皮的小孩，别在这个时候来捣乱。我的孩子已经死了。"

小女孩继续央求，但商人还是拒绝承认那是自己的孩子在敲门，最后小女孩只得黯然离开，而这个商人真的永远失去了他的孩子。

有时候，因为太过执著，我们会失去我们最珍贵的东西。执著不单单指做事时一条道走到黑、死心眼，更多指的是一种心境。放弃执著的信念，无论对人、对事还是对自己，都留一份反思的空间。太执著会让你看世界的眼睛有失偏颇，从而失去很多。

其实回头不难，只要懂得放弃。人生的很多时候又何尝不是如此呢？该放弃的时候不放弃，继续下去可能遭遇更可怕的后果，身心的负担都只会越来越沉重。

不要去强求你得不到的东西，在生活中太执著反而会增添烦恼。有执著，就会有痛苦；只有放弃执著，才能活得轻松自在。世事无常，何必执著于自己的一己之念呢？

4.在人生路上，轻装前行

弘一法师出家前，有着令人羡慕的社会地位和大好前途。然而为了探知人生的究竟、登上灵魂生活的层楼，他离别妻子骨肉，把财产子孙都做身外物，轻轻放下，轻装前行。这是一种气魄，是一种常人难以理解的境界。

人生旅途，漫漫无期，面对至远的目标，必须放下沉重的负担，轻装前行。人生路上，放下是个选择题，要记得某些东西，就要选择放下某些东西。

在情感上，要放下自己的怨恨和嫉妒，记得为善与豁达；在为人处世上，要放下你对别人的恩惠，记得别人对你的帮助……不懂得放下的人，往往在人生路上寸步难行。

每一个人的心都是自由的，如果你感叹心太累，那么一定是你自己锁住了自己。很多东西都是人人想要的，为此，世事纷争，你恨我怨，但是多少人真的能如愿以偿？何不开释自己的心灵，做到无私无欲，不妄求，不贪恋，不慌乱，不躁进，一切顺其自然。

人生要懂得及时放下，我们的心装不了多少东西，我们的生活也承受不了多大的重量，背得越重只能陷得越深，唯有轻装上阵方可行得更远。

人生的一切烦恼，皆因在生活中没有学会放下，使身心都背负着沉重的包袱，从而让生活也变得越来越累，越来越辛苦。"智者无为，愚人自缚"，人们通常喜欢给自己的心灵套上枷锁，给精神添加压力。所以说，"放下"，不仅是一种解脱的心态，更是一种清醒的智慧。

有一次，住在湖南的石头希迁禅师问一位新来参学的学僧道："你从什么地方来？"

学僧："从江西来。"

希迁："那你见过马大师（马祖道一禅师）吗？"

学僧："见过。"

石头禅师随意用手指着一堆木柴问道："马祖禅师像一堆木柴吗？"

学僧无言以对。因为在石头禅师处，无法契入，学僧便回到江西拜见马祖道一禅师，并述其事，马祖道一禅师听完后，安详地一笑，问学僧道："你看那一堆木柴大约有多少重？"

学僧："我没仔细量过。"

马祖："你的力量实在太大了。"

学僧："为什么呢？"

马祖："你从南岳那么远的地方，负了一堆柴来，岂不有力？"

佛说："苦海无边，回头是岸。放下屠刀，立地成佛。"可惜有的人却有太多的东西放不下，如身外之物，百思不得其解的问题，对往事的懊悔，对未来的担忧……只因放不下，所以有烦恼；只因放不下，所以身心疲惫。我们有时候感觉人生太累，就是因为我们背负了太多的东西。只有把太多"放不下"的东西"放下"，才能在人生道路上轻装前行。

在工作上，要放下成绩，记得自己的缺点和不足；在生活上，要放下金钱的欲望，记得勤俭和朴素；生活中，交际中，职场中，创业中……人们都渴望成功，而面对成功，出现最多的选择题就是放下。

花开花谢是正常现象。花开的一缕清香，不要让它在心中游荡飘扬；花谢的一滴泪，不要让它在心中留下痕迹。万物只是空，名与利，是与非，得与失，公平与不公，熙熙攘攘的浮尘俗世，我们又何必去取来背负，徒增心中万般的烦恼。

有一位婆罗门两手各拿了一大朵花前来献佛。

佛陀大声地对婆罗门说："放下！"

婆罗门听从指教，将左手拿的那个花朵放下了。

佛陀又说："放下！"婆罗门将右手的花朵也放下了。

佛陀又说："放下！"

这时，婆罗门无奈地回答："我已经两手空空，没有什么东西可以再放下了，为何还要我放下？"

佛陀听了他的话说："我的本意并不是让你放下手中的花朵，而是让你放下六根、六尘和六识。只有当你将这些都放下时，才能从生死轮回中解脱出来。"

在人生的道路上，我们只有放下沉重的欲望，放下过度的需求，放下不必要的执著，才能体会到人生的真谛。放下，是一种心态的选择；放下，是一门心灵的学问;放下,是一种生活的智慧。

有一首哲理诗写得好:

愈放下愈快乐,

放下焦虑,让心灵呼吸清新空气。

放下缠绕在心头的烦恼事,

远离名利的烈焰,让生命逍遥自由。

打开抱怨的心灵枷锁,

放下浮躁的心,人生静如禅。

……

放弃,是修身养性的最高境界。

"放下"是一种觉悟,更是一种自由,

放下一切,才能重新开始。

一念放下,万般自在,

心里放下,方为真放下。

5.不求完美,有缺憾才真实

弘一法师曾摘录过一句话:"物忌全胜,事忌全美,人忌全盛。"弘一法师要表达的意思是,事物忌讳达到极点,事情避免极其完美,人忌讳极度得意。中国有句老话说"月盈则亏,水满则溢",事物一旦达到它的顶点,就会走向反面。完美是好事,但是一定要把握好度,因为"过犹不及"。

弘一法师的人生在有的人眼里可谓圆满,他出生于富贵之家,精通多种艺术,年轻时是翩翩风流公子,不知道有多少人对他羡慕至极。而他却在壮年之时,毅然决定出家,让很多人大为惊讶。弘一法师在一次演讲中说:

"再过一个多月，我的年纪要到六十了。我出家以来，既然是无惭无愧，埋头造恶，所以到现在所做的事，大半支离破碎，不能圆满，这个也是分所当然……"由此可见，在他眼里，自己的生活依然不"圆满"。

在这大千世界中，没有什么事情是完美的，因此要正确看待自己的不完美，也不要过度追求完美。张爱玲是民国大才女，她曾说自己人生中有三大憾事：一恨鲥鱼刺多，二恨海棠无香，三恨《红楼梦》未完。而早在几千年前的宋朝，苏东坡先生也曾希望"鲈鱼无骨海棠香"。然而美好的东西，偏偏都不完美。

人生确实有许多不完美之处，每个人都会有这样那样的缺憾，真正完美的人是不存在的，即使是中国古代的四大美人，也有各自的不足之处。历史记载，西施脚大，王昭君双肩仄削，貂蝉的耳垂太小，杨贵妃还患有狐臭。

俗话说："人无完人，金无足赤。"世界并不完美，人生当有不足。完美只在人们的想象中，在人们的追求中。完美的事物是不存在的，过度追求完美，反而会离完美更远。

有一个人娶了一位面貌娟秀、体态优美的妻子，夫妻俩恩爱有加，大家都称他们是神仙美眷。这位太太眉清目秀，性情温和，美中不足的是长了一个酒糟鼻子，这酒糟鼻子虽说并不影响多少美感，但也让人颇感遗憾。

因此，这个人总是对太太的鼻子耿耿于怀。有一天，他外出时路过贩卖奴隶的市场。在他们那个年代，奴隶是可以自由买卖的，他看见广场中央站着一个衣衫单薄、身材瘦小的女孩子，这女孩子正无辜地看着周围的人们。

这个人仔细地端详着女孩子的容貌，突然发现这个女孩子长了一个端端正正的鼻子，他决定不惜一切也要买下她。

终于，这个人以高价买下了长着端正鼻子的女孩子。他兴高采烈地带着女孩子，日夜兼程地赶回家，想给心爱的妻子一个惊喜。到了家中，他把女孩子安顿好之后，就对着屋子里的妻子喊道："太太！快出来！我给你买回来一样最宝贵的礼物！"

妻子应声走出来，不解地问道："什么样的贵重礼物，让你如此大呼小叫的？"

这个人拉过身边的女孩子说："我给你找了一个漂亮的鼻子。"话音未落，他突然抽出怀中的利刃，朝妻子的酒糟鼻子切去。霎时，妻子的鼻梁血流如注，酒糟鼻子掉落在地上。这个人不顾妻子痛苦的尖叫，又挥刀切去女孩子的鼻子，想要用双手把端正的鼻子嵌贴在妻子的伤口处。但是无论他如何努力，那个漂亮的鼻子始终无法粘在妻子的鼻梁上。

最后，这个可怜的妻子，既得不到丈夫苦心买回来的端正而美丽的鼻子，又失掉了自己的酒糟鼻子。就连那个女孩子，也无端地受到了刀刃的创痛。

佛教中的"娑婆世界"，翻译成中文，就是这个世界能容下你的许多缺陷。世界有缺陷，人生也有缺陷，只因有缺陷，才是真实的世界，才是真实的人生。世界上根本就没有绝对完美的事物，完美本身就意味着缺陷。

苏东坡说："人有悲欢离合，月有阴晴圆缺，此事古难全。"法国诗人博纳富瓦也说："生活中无完美，也不需要完美。"他们所说的，就是人生时时刻刻都有缺陷的意思。

释迦牟尼说过："琴弦太松，无法发出美妙的声音，琴弦太紧，则会弦断音绝。同样，修行时，如果心里松弛，就无法摒除杂念，但若心里过于紧张，将无法接受教诲。所以，凡事都要有个度，避免走向极端，否则只会让自己品尝到痛苦的果实。"

有些人以为自己是在追求完美，其实他们才是最可怜的人，因为他们是在追求不完美中的完美，而这种完美，根本不存在。

有一位科学家，他娶了世界上最漂亮的女人为妻，但是他的妻子有一个小小的缺点，就是，耳朵下面有一个小胎记。

然而科学家对妻子这个与生俱来的胎记始终耿耿于怀。他发誓要研制出来一种药，能为他的妻子消除胎记，让他的妻子成为世界上最漂亮、最完美的女人。

科学家整日把自己关在实验室里不停地做实验。几年时间过去了,经过科学家的反复实验,他终于把这种药研制出来了。

这天,科学家非常高兴,他迫不及待地拿着药让他的妻子喝。妻子喝下他研制的药后,胎记果然消失了。然而他的妻子也正因为喝了这种药,不久便香消玉殒,与世长辞了。

世界上没有完美的事,也没有完美的人。当我们抱怨自己的人生不完美的时候,不妨想想这些杰出的人物:科学家霍金是个坐在轮椅上的重度残疾人,音乐家贝多芬听不到自己创作的音乐,海伦·凯勒既瞎又聋……上天给他们一副有缺陷的身体,但是他们依旧不屈服于命运,做出了伟大的成就。

正因为人生不完美,所以我们才会有所追求,在追求的过程中,体会到人生的快乐。如果人生太完美,我们就会觉得索然无味,这样的生活还有劲吗?心理学家说"不圆满即好"。人要正视自己的不圆满,不要过度追求圆满。

第五课

放下：活在当下，顺其自然

1.放下的越多，拥有的就越多

弘一法师出家后曾说："不可闲谈，不晤客人，不通信。凡一切事，尽可俟出关后再料理也，时机难得，光阴可贵，念之念之！"放下闲谈，放下见客，放下与人通信，用留下的时间来静心修炼、研究佛法，正是通过这种"放下"，弘一法师最后才因此取得了佛学上的大成就，成为一代宗师。

人生的道路上，很多人都会有贪得无厌的心态，俗话说："欲壑难填。"自古以来，人们都有着对金钱、美女、权力等一切美好事物的向往，它犹如滔滔江水，在人们内心深处澎湃。因为有喜贪的毛病，才使得追求太多，反而失去太多。只有学会放下，你才能够腾出手来得到自己真正想要的东西。

佛教中所说的"放下"，不是说什么都不要，而是说究竟要什么，要多少，

72

这才是最重要的。正如利奥·罗斯顿说的："你的身躯很庞大，但是你的生命需要的仅仅是一颗心脏。多余的脂肪会压迫人的心脏，多余的财富会拖累人的心灵，多余的追逐、多余的幻想只会增加一个人生命的负担。"人生苦短，只有学会放下，才能享受真正的人生快乐。

一个和尚，身着破衣芒鞋，云游四方，立志要当一名得道高僧。他去化缘的时候，身上总是会背着一个口袋，因此人们称他为"布袋和尚"。别人以为他的这个布袋里面放的是他用的、吃的，所以一见布袋瘪了就一直不停地供养。后来，和尚嫌一个布袋不够，就背了两个布袋出门化缘。

有一天，和尚像往常一样外出化缘，化得了两大袋满满的食物。在回去的路上，因为布袋太重，就在路旁歇息打盹。茫然中，他仿若听到有人对他说："左边布袋，右边布袋，放下布袋，何其自在。"他猛然惊醒，细心一想：我左边背一个布袋，右边背一个布袋，这么多东西缚住自己，压得我喘不过气来，为什么不放下呢？如果能够全部放下，不是很轻松、很自在吗？于是，他丢掉了两个布袋，幡然顿悟，就此得道。

对于放下，很多人有不同的看法。其实，放下是一种智慧的选择，处事时，该放就放，该断就断，不要因小失大。放下是一种随其自然的心态，人生总是在取舍之间，面对不同的选择，应该学会放下，学会满足，这是智者的心态，是成功的阶梯。人只有放下生活中不必要的东西，才能迈出洒脱的一步，活出自我的风采。

人生的诸多烦恼，追根溯源就是没有在生活中学会放下，有时即便明白了烦恼的根源所在，却还是不能或不肯放下。如此一来，身心必定背负沉重的包袱，而为了这些包袱，就必须付出异常的心血和精力，于是原本可以轻松前行的脚步开始变得蹒跚，生活也在重压之下变得越来越辛苦，越来越累。

当我们面对生活的压力，需要解脱的时候，不妨学会"放下"。许由不接受尧的禅位，跑到淇水边洗耳朵，是放下；屈原遗世独立，"众人皆醉我独醒"，披发行吟，投身汨罗江，是放下；范蠡功成身退，隐姓埋名，携带西施，泛舟太湖，是放下；陶渊明不为"五斗米折腰"，解甲归田，"采菊东篱下，悠然见南山"，是放下；弘一法师从贵胄公子到云水高僧，弃绝繁华，抛妻别子，从此，青灯黄卷，是放下……

人说："我想忘记。"

佛说："忘记并不等于从未存在，一切自在来源于选择，而不是刻意。不如放手，放下的越多，拥有的越多。"

佛问："你忘记了吗？"

人回答说没有。

佛说："你心里有尘。"

人拍拍手，抖抖衣服，对着镜子整整衣冠。

佛说："心里的尘是抖不掉的。"

人茫然四顾，一片迷茫。

佛说："心里的尘只能用心，才能消除。"

于是人用力地擦拭。

佛说："你错了，尘是擦不掉的。"

人于是将心剥了下来。

佛又说："你又错了，尘本非尘，何来有尘。"

人不悟。

佛说："菩提本非树，明镜亦非台。本来无一物，何处染尘埃。"

人仍不悟。

佛说："悟有两种：顿悟和渐悟。顿悟时，灵性闪烁的一刹那，犹如霹雳惊醒了沉睡的大力神，劈开了混沌。抓住火花的瞬间，才能看见自己内心的那一汪清泉。"

佛说："你有太多的私心杂念。"

人低头向地，抬头向佛，躬身自省。

佛说："私心杂念是去不掉的。"

人一头雾水，仍然不能理解。

佛说："你的意志不够坚强，心志不能专一，生活没有目标，总是任由时光过尽，最后却一无所成。"

人扪心自问，不禁冷汗满身。

人问佛："我该怎么办？"

佛说："放下了，就拥有了。"

人接着又问佛："放下是什么？"

佛说："我要你放下的是你的心与念想，当你把这些统统放下，再没什么了，你才能从桎梏中解脱出来。"

人终于明白了"放下"的道理。

"放下了，就拥有了。"放下的越多，拥有的就越多。只有放下了，心才能豁达起来；只有放下了，才能拥有真正的自我。工作上，把名利放下了，就可以按照自我固有的想法、方式去把事情做好；生活上，把一些不愉快的记忆放下了，才能过得更好。放下了，就可以无忧无虑、勇往直前。所以，放下了，就拥有了。我们该把沉重的包袱放下；把拿不起的东西放下；把不该拿的东西放下。放下了，心更宽了、更广了、更高了；放下了，才是真正的拥有。

拥有和放下就是此消彼长的关系。拥有了快乐，就放下了痛苦；拥有了诚实，就放下了虚伪；拥有了健康，就放下了病痛；拥有了感情，就放下了冷漠；拥有了爱，就放下了恨；拥有了踏实，就放下了浮躁；拥有了宁静，就放下了喧嚣。能拥有多少，取决于你能放下多少，不管你曾经拥有过多少东西，只要懂得了放下，拥有再多也不会觉得多。

2.命里有时终须有,命里无时莫强求

佛法中提倡"一切随缘,顺其自然"。世间万事万物都有自身规律的存在,水在流淌时不能选择方向,日月星辰都有自己的轨道,这一切都是顺其自然的道理。弘一法师出家后,便养成了随遇而安的习惯,不驻任何寺庙,不当任何住持。他曾说:"我至贵地,可谓奇巧因缘。本拟住半月返厦。因变住此,得与诸君相晤,甚可喜。"

不因为自己做的事情好而得意,也不因为自己失去了什么而痛苦,这就是我们所说的"不以物喜,不以己悲"。它是一种思想境界,是古代修身的要求,即无论外界或自我有何种起伏喜悲,都要保持一种豁达淡然的心态。

唐朝药山禅师投石头禅师门下而悟道。他得道之后,门下有两个弟子,一个叫云岩,一个叫道吾。

有一天,师徒三人坐在郊外参禅,看到山上有一棵树长得很茂盛,绿荫如盖,而另一棵树却枯死了,于是药山禅师观机施教,想试探两位弟子的功行。药山禅师先问道吾说:"荣的好呢? 还是枯的好?"

道吾说:"荣的好!

他再问云岩,云岩却回答说:"枯的好!"

此时正好来了一位俗姓高的沙弥,药山禅师就问他:"树是荣的好呢? 还是枯的好?"

沙弥说:"荣的任他荣,枯的任他枯。"

药山禅师和两位弟子沉吟良久,似有悟道。

顺其自然,不必刻意强求。自然的循环是有规律的,花的一开一落,草的一荣一枯,都有其天然的规律,故意去破坏,就是反其道而行。顺其自然就是

不怨怼、不躁进、不进度、不强求。

生活中，有许多东西是可遇而不可求的，有时候能有某种体验就已足够。徐志摩说："得之我幸，不得我命，得失随缘最好。"这也是人生应该追求的生活态度，不属于你的，可能永远也不会属于你。

老子说："人法地，地法天，天法道，道法自然。"世界上最大的法则是自然法则，人的法则其实是最小的。所以，顺其自然才是人类的生存之道。人生在世，美貌、权力、财富、名誉都不过是过眼烟云，人应该学会顺其自然地活着。越是刻意追求，反而会被其所累，迷失了自己。

从前有个小和尚，每天早上负责清扫寺庙院子里的落叶。

清晨早起扫落叶实在是一件苦差事，尤其在秋冬之际，每一次起风时，树叶总是随风飞舞，飘落到庭院里的各个角落。

小和尚每天早上都要花费许多时间才能清扫完树叶，这让他头痛不已。因此，他一直想要找一个好办法让自己轻松些。

后来，有个和尚跟他说："你在明天打扫之前先用力摇树，把落叶统统摇下来，后天就可以不用扫落叶了。"

小和尚觉得这是一个很好的办法。于是第二天，他起了个大早，来到那棵树下抱着树使劲地摇，他觉得这样就可以把明天的落叶也一起扫干净了。打扫完院子后，小和尚一整天都非常开心。

然而第二天，小和尚到院子一看，不禁傻眼了。院子里如往日一样：落叶满地。

这时，一位老和尚走了过来，对小和尚说："傻孩子，无论你今天怎么用力，明天的落叶还是会飘下来。"

小和尚终于明白了，世上有很多事是无法提前做的，唯有认真地活在当下，才是最真实的人生态度。

人活着应该顺其自然，依照不同的能力和兴趣，得到不同的成功和成就。我们的社会,潜藏着一种刻板的错误观念,成功就一定要怎样怎样,幸福就必须如何如何,似乎只有达到了某个标准的人,才算得上成功幸福。

其实,人生不是比赛,幸福和成功也不需要终点。只要你稍加留意就会发现,许多在事业上成功的人,生活未必就幸福美满;在生活上过得愉悦自在的人,未必拥有庞大的事业。只要能认清这一点,你就会肯定一个事实:真正的成功和幸福,是能接纳自己和肯定自己,让一切顺其自然。

3.不要把执著变成固执

弘一法师出家修行选择的是律宗,因为律宗严于律己,所以很多人都不理解他的选择。其实,弘一法师的选择与他的一段生活经历有关。

弘一法师当年决定出家的时候, 他的一位朋友曾写信劝他说:"听到你不要做人,要做僧去……"这句话伤害了弘一法师。他说:"出家人何以不是人?为什么被人轻慢到这地步?我们都得自己反省一下。我想这原因是由于出家人太随便的缘故,才闹出这样的笑话来。至于为什么会随便?那就是不能深信善恶因果报应和诸佛菩萨灵感的道理的缘故。倘若我们能够真正深信——十分坚定的信,我想就是把你脑袋砍掉,也不肯随便了。"这就是弘一法师选择律宗的原因,与执著无关,只是想纠正佛教中的不良风气。

执著有时也是好事,因为它能让人克服困境,使生命超越自我,甚至超越前人的高度。但如果选择错了方向,无异于南辕北辙,越努力与目标越远。

马祖道一在衡山怀让禅师那里参学时,很勤奋地盘腿坐禅。

有次怀让禅师问他:"你坐禅是为了什么?"

马祖道一说:"坐禅是为了成佛。"

怀让禅师于是拿了一块砖头在庵石上磨。

马祖道一问："您磨砖头干什么呢？"

怀让禅师说："把它磨成镜子。"

马祖道一说："砖块怎么能磨成镜子呢？"

怀让禅师说："砖块既然磨不成镜子，坐禅怎么能成佛呢？"

马祖道一说："那么怎么样才对呢？"

怀让禅师说："就好比驾一辆牛车，车子走不动了，是用鞭子打车对、还是打牛对呢？你是学禅，还是学坐佛？如果学禅，禅并不在于坐卧的形式。如果是学坐佛，佛性无所不在，佛并没有固定的形相。在绝对的禅宗大法上，对于变化不定的事物不应该有执著的取舍，如果你学坐佛，就是扼杀了佛，如果你执著于坐相，就是背道而行。所以，坐禅不可能悟道成佛。"

马祖道一听了恍然大悟。

烦恼皆因太执著，要想好好生活，就必须学会正确取舍。成功需要执著，但也不能太过执著，过于执著，就是"固执"。一旦执著变成固执，你便会丧失许多机会，自然也会失去很多。生命有限，应该好好把握，凡事不要太执著。

当你选定了自己的目标以后，就要执著地努力走下去，如果在努力走下去的过程中发现这条路走不通，则要毫不犹豫地掉转头来，另选道路和目标，否则，你的执著就变成了固执。固执会让人受苦，会让你的付出一无所获，还会让你失去很多。要想成功就要有执著的精神！而不是固执！

两只比邻而居的青蛙，一只住在深水池里，不容易被人瞧见；另一只住在沟里，沟里的水很少，并且旁边有一条马路。

住在池里的青蛙，警告住在沟里的朋友要注意路边的车子，甚至请他搬过来和自己同住，说自己的住处比较安全，也容易找到丰富的食物。但住在沟里的青蛙拒绝了，他说他已习惯了这个地方，搬家会让他觉得很困难。

最终，几天之后，一辆笨重的马车在经过那浅水沟时，将那只青蛙压死在轮下。

执著是一种良好的品性,然而在有些事情上,执著一旦成了固执,则会导致失误,甚至会害了自己。

人们在做事情和处理问题时需要执著决心和勇气,但切忌将"执著"与"固执"划等号。固执是非理性的,而执著则是经过理性的分析之后才做出的决断。

太过执著,对人对事对己,都没有好处。不要把执著变成愚昧的固执,那种固执会让你失去很多。

4.高处的苹果够不着,就去摘够得着的

弘一法师摘录过这样一句话:"尽前行者地步窄,向后看者眼界宽。"一些事情,我们换个思路,可能是另一个天地。人不能太执著,当一条路走不通时,我们可以回过头,找另一条路。办我们能办到的事情,不要追求得太高太远,高处的苹果够不着,就去摘够得着的。

拿破仑说:"不想当将军的士兵不是好士兵!"多少年来,他的这句名言影响了无数人,也成就了许多人。为了成功,即使付出再大的代价,人们也在所不惜。然而谁都无法否认,成功的人都是努力的,但努力的人并不一定成功。想成为李嘉诚无疑是好事,然而想成为李嘉诚绝不等于能成为李嘉诚!更何况更多的时候, 人们总是把远大理想和欲望膨胀混为一谈。尤其是在如今这个更民主,更自由,充满了更多机遇的时代,面对满树的红苹果,没有人不跃跃欲试,没有人不想把它们一一收入囊中。随之而来的,自然是或欣喜,或抱怨,或抑郁,或失常,或崩溃……所以哲人告诉我们:只摘够得着的苹果。

德国柏林爱乐乐团素有"世界第一交响乐团"之美誉。能够成为柏林爱乐乐团的首席指挥，是每个指挥家的最高梦想。

然而在1992年，当柏林爱乐乐团邀请英国著名指挥家西蒙·拉特尔担任乐团首席指挥时，拉特尔却出人意料地拒绝了。

他说："柏林爱乐乐团以演奏古典音乐闻名于世，但我对古典音乐的理解还不够透彻，如果我担任首席指挥，恐怕非但不能带领乐团迈上一个新台阶，反而会起到负面作用。机会虽然好，但是我没有能力去把握，还是放弃为好。"

不过，这绝不意味着拉特尔不想担任乐团首席指挥一职。在谢绝邀请后，他十年如一日地不懈努力，直到他对古典音乐的透彻理解震撼了世人，直到他对古典音乐的精湛指挥一次又一次令听众倾倒，直到2002年柏林爱乐乐团再次向他抛出了橄榄枝。

这一次，拉特尔没有丝毫犹豫，当即接受了邀请。因为他知道，现在的他已经具备了担任首席指挥的实力。事实证明，正因为拉特尔的加盟，柏林爱乐乐团才能继续创造演奏史上一个又一个奇迹。

只有暂时放弃，才能超脱自己，给自己激励，腾出空间和时间去学习其他更多、更好的东西，最终取得更大的成功。所以，当我们还没有实力去采摘那些高处的苹果时，无论你多么希望得到它，多么需要得到它，只要客观条件不成熟，那么就必须暂时放弃。

去摘那些够得着的苹果，生活才不会频频让人失望。更何况那些现在不能摘到的苹果，并非就永远不属于我们。在你的努力之下，当达到一定条件的时候，你自然会摘到更高处的苹果。

有的人在摘不到高处的苹果时会抱怨，然而抱怨只会把问题带向更加复杂的一面，给我们带来诸多严重影响。

试图通过抱怨别人或抱怨环境得到他人的认可，其实是最不明智的做法。也许有的环境确实不太适合你，与其抱怨，还不如选择离开。一旦你选择留下，就应该为它而努力。唯有高度的敬业和忠诚，才有可能改变环境和他人对你的看法，实现企业和个人的双赢。否则，即便是自己创业，这种恶习也会给你带来各种不利影响，甚至直接从根本上使得你与成功无缘。

佛陀外出云游，路上遇见一位诗人。诗人年轻、有才华、富有、英俊，而且拥有娇妻爱子，但他总觉得自己不幸福，逢人便抱怨上天对自己不公。

佛陀问他："你不快乐吗？我可以帮你吗？"

诗人回答："我只缺一样东西，你能给我吗？"

"可以。"佛陀说，"无论你要什么，我都可以给你。"

"是吗？"诗人盯着佛陀，一字一顿、满脸怀疑地说，"我要幸福！"

佛陀想了想，自言自语道："我明白了。"

说完，佛陀施展佛法，把诗人原先拥有的一切全部拿走——毁去他的容貌，夺走他的财产，拿走他的才华，甚至还夺走了他的妻子和孩子的生命。做完这一切之后，佛陀转身离去。

一月后，佛陀来到诗人身边。此时的诗人，已经饿得半死，躺在地上呻吟。佛陀再次施佛法，把一切又还给了诗人，然后悄然离去。

半个月后，佛陀再次去看诗人。这一次，诗人搂着妻儿，不停地向佛陀道谢，因为，他已经体会到了什么是幸福。

生活就是这样，它在无形中就已经给了我们必需的东西，是追逐的目光和抱怨的心理使我们不懂驻足欣赏我们已经拥有的幸福。我们的眼光只盯着远方虚无缥缈的东西，而忽视了眼前。

远方的事物再美好，但若超出了我们的条件和能力范围，我们也只能望洋兴叹；高处的苹果再好，我们够不着，就不是属于我们的。离我们最近的，我们能够得着的，才是最真实的，才是属于我们的。

5.任何多余的都是负担

在人生的长河里,每个人都在不停地跋涉,若想到达目的地,就不能携带太多的行李。生命之舟载不动太多的物欲和虚荣,任何多余的都是负担。其实,生命本身才是我们最大的财富,任何土地或钱财都不能与这个无价之宝相比。如果丢掉过多的物欲和虚荣,只带最需要的出发,你会发现,心情越来越轻松,一个个目的地也变成了最短、最快乐的旅程。

弘一法师说:"学一分退让,讨一分便宜。增加一分享用,减一分福泽。"弘一法师一生为了摆脱过多的负担,一生不求名利。别人写文章赞扬他的师德,他对此进行斥责;别人供养的众多钱财,他也都用在了弘扬佛法或救济灾难等事上。

没有多余的东西,就减少了负担,就会轻松自在。随遇而安,就能自得其乐,能放下多余的不需要的东西,就是解脱。人其实不需要复杂的思想,只需要具备简单的智慧,简单才能快乐。简单思想,简单生活,人生道路就远离了痛苦与忧伤。

有一座庙里住着一个老和尚和一个小和尚。小和尚对师父说:"如果买一匹马,您就不用整天这么劳累奔波了,可以轻松很多。"

老和尚认为徒儿说得对,于是不假思索地去买了马。将马买回来后,老和尚正想美美睡个午觉。

突然,小和尚跑了进来,说道:"师父,我们忘了一件事,马儿在哪住呢?我们应该给马儿建个马棚。"

老和尚认为徒儿说得很有道理,也很及时。于是,老和尚决定,立刻建个马棚。

马棚建好后,老和尚已是精疲力竭,正想躺下好好休息一下,小和尚又跑到跟前,说道:"师父,马棚虽然建好了,但是你整天忙于化缘,而我又要学禅,平时谁来养马呀! 我们还少个养马的。"

老和尚又认为徒儿说得很有道理,也很及时。

于是,老和尚决定,聘请了一个厨师兼马夫。

第二天,老和尚吃完早饭,正准备外出讲经,小和尚跑到跟前,说道:"师父,厨师已经请来了。不过,她说庙里没有厨房,让我们赶紧造一间,她还说,她年老体衰,又不会算账,让我们再请一个伙计,帮她买买菜,打个下手。"

突然间,老和尚悟出了什么,心想:以前的日子,多简单、多轻松啊! 他对小和尚说:"这匹马只会让我觉得更累,赶快卖了它!"

有时候,我们认为我们需要某些东西,千辛万苦地得到之后,却发现这件东西并不能给我们的生活带来轻松和愉快,甚至可能给我们带来更多的负担,让我们身心疲惫。与其为其所累,还不如痛下决心,果断摆脱它。

无论是物质上的或是精神上的,大家都想要超过本身需要的东西。实际上,对于健康的生命而言,任何多余的东西都是一种负担。

利奥·罗斯顿是美国最胖的好莱坞影星,他腰围6.2英尺,体重385磅。

1936年,利奥·罗斯顿在英国演出时,因心肌衰竭被送进汤普森急救中心。抢救人员用了最好的药,动用了最先进的设备,仍没能挽回他的生命。

临终前,利奥·罗斯顿曾绝望地喃喃自语:"你的身躯很庞大,但你的生命需要的仅仅是一颗心脏。"

"你的身躯很庞大,但你的生命需要的仅仅是一颗心脏"! 这句话应该引起每个人的深思。对健康的生命而言,任何多余的东西都是负担。这难道不值得那些整日为了身外之物奔波忙碌,而置健康于不顾的人们思索吗?

每一个人所拥有的财物,无论是房子、车、钱……无论是有形的,还是无形的,没有一样是属于你自己的。那些东西不过是暂时寄托于你,有的让你暂时使用，有的让你暂时保管，到了最后，物归何主，都未可知。所以智者把这些财富统统视为身外之物。

即使拥有整个世界，一天也只能吃三餐，一次也只能睡一张床。世界上美好的东西实在数不过来，我们总是希望得到尽可能多的东西。其实得到太多，反而会成为负担。还有什么比拥有淡泊的心胸，更能让自己充实满足呢？欲望越小，人生就越幸福。

有位中年人觉得自己的日子过得非常沉重，生活压力太大，想寻求解脱的方法，因此去向一位禅师求教。

禅师给他一个篓子，要他背在肩上，指着前方一条坎坷的石路说："当你向前走一步，就弯下腰来，捡一颗石子放到篓子里，然后看看会有什么感受。"

中年人照着禅师的指示去做，等他背上装满石头的篓子后，禅师问他："你一路走来有什么感受？"

中年人回答说："感到越走越沉重。"

禅师说："每一个人在来到这个世上时，都会背负着一个空篓子。我们每往前走一步，就会从这个世界上捡一样东西放进去，因此才会有越来越累的感觉。"

中年人又问："有什么方法可以减轻负重呢？"

禅师反问他："你是否愿意将名声、财富、虚荣、权力等拿出来舍弃呢？"

那人答不出来。

禅师又说："每个人的篓子里装的，都是自己从这个世上寻来的东西，但是你拾得太多，又不能放掉一些，你的生命将承受不起。现在你应该知道丢下什么和留下什么了吗？"

中年人反问禅师："这一路上，您又丢下了什么？留下了什么呢？"

禅师大笑："丢下身外之物，留下心灵之物。"

人在世上，无时无刻不受到来自外界的诱惑。一旦有了功名，就会对功

85

名放不下;有了金钱,就会对金钱放不下;有了爱情,就会对爱情放不下;有了事业,就会对事业放不下……当得到的东西太多了,超过生命的承载力,多余的东西就成为人生的负担。

当你放下一些多余的、不需要的东西的时候,就如同脱钩的鱼,出岫的云,忘机的鸟,心无挂碍,来去自如,表里澄澈。"风来疏竹,风过而竹不留声;雁渡寒潭,雁去而潭不留影",这时,你才发现生命竟可以如此充实、如此美好,日日是好日,步步起清风。放下,是一种境界,更是一种精神,但也需要勇气和智慧。

第六课

静心:生活中自有菩提

1.像佛一样静心习劳

弘一法师说:"敬守此心,则心定。敛抑其气,则气平。"谨慎坚守善良的本性,则心灵安定。收敛抑制心气,则心气平和。弘一法师说的"心气",对人的修养非常重要。在修养身心上,最忌讳的就是不能静心,佛家讲"空",儒家讲"静",道家讲"清静无为",其实都是一个意思,就是让人心境平和,让心底清静。

弘一法师出家后,为了静心修行,谢绝一切会客和应酬。每日静下心来,精研佛法,才最终成为一代宗师,为世人所敬仰。佛门修行讲究静心,释迦牟尼当年在菩提树下,摆脱一切干扰,把自己的心沉静下来,终于悟道。

一个人如果心浮气躁,做什么事都精力涣散,不能真正静下心来思考问题,是难以取得什么成就的。不能静下心做事,其危害会非常大,所以弘一法师劝诫世人,不管做什么事都不可浮躁,不然的话,只能自食其果。

有一个师父,在徒弟第一天进门时,必安排其做一项例行功课——扫地。过了些时辰,徒弟来禀报,地扫好了。

师父问:"扫干净了?"

徒弟回答:"扫干净了。"

师父不放心,再问:"真的扫干净了?"

徒弟想了想,肯定地回答:"真的扫干净了。"

这时,师父会沉下脸,说:"好了,你可以回家了。"

徒弟很奇怪,心想:怎么才刚来就让我回家?不收我了?

师父摆摆手,说明他真的不收了。徒弟只好走人,但依旧不明白师父为何不去查验查验,就不要自己了?

原来,这位师父事先悄悄在屋子的犄角旮旯处丢下了几枚铜板,看徒弟能不能在扫地时发现,大凡那些心烦气躁,偷奸耍滑的后生,都只会做做表面文章,才不会认认真真地去打扫那些犄角旮旯处的。因此,也不会捡到铜板交给师父的。

师父正是这样"看破"了徒弟,或者说,看出了徒弟的"破绽"……如果他藏匿了铜板不交给师父,那"破绽"就更大了。

不能静下心来认真做事,失去的不仅仅是一种认真的态度,而且也是一个与成功结缘的机会。所以,改掉浮躁的毛病,人生才能焕发出炫目的光彩。

静心是一种精神境界,是一种认真做事的态度。任凭外界如何纷扰,攘攘熙熙,我自不卑不亢,泰然处之,做我该做的事,这样的人生何其从容潇洒!

能以平静的心态做人。"不以物喜,不以己悲",不为外物所动,不仅能成就自己的人生观,还能收获无尽的幸福和快乐。

在现代生活中,忙乱的应该是身体和头脑,心永远不可以迷失。一个人的欲望太多,内心就不能平静下来。弘一法师曾说:"行少欲者,心则坦然,无所忧畏,触事有余,常无不足。""世间烦恼都是由念而生,放下欲念是一种内心境界。若放不下,便饱受烦恼折磨,放得下内心才能坦然宁静。"

他劝诫世人:"人生在世都希望有幸福快乐的生活,然而幸福快乐由哪里来呢?绝不是由修福而来,今天的富贵人或高官厚禄者,他们日日营求,一天到晚愁眉苦脸,并不快乐。无忧无虑,没有牵挂,所谓心安理得,道理明白,事实真相清楚,心就安了。"

佛家修行也讲究"习劳","习"是练习,"劳"是劳动。弘一法师说:"人,上有两手,下有两脚,这原为劳动而生。若不将他运用习劳,不但空有两手两脚,就是对于身体也一定有害无益。若常常劳动,身体必定康健。劳动原是人类本分上的事,我们出家人同样要练习劳动,即使到了佛的地位,也是要常常劳动才行。"

有一次,佛的一个弟子生了病,没有人照应。佛就问他说:"你生了病,为什么没人照应你?"

那弟子说:"从前人家有病,我不曾发心去照应他;现在我有病,所以人家也不来照应我了。"

佛听了这话,就说:"人家不来照应你,就由我来照应你吧!"

于是,佛就将他的衣物洗濯得干干净净,并且还将他的床铺也理得整整齐齐,然后再扶他上床。

佛不像现在有的人,什么事都要人家替他做,自己坐着享福。弘一法师说:"凡事全在自己去做,若能有高尚的志向,就没有做不到的。"弘一法师出家后,生活得异常清苦,经常粗茶淡饭,有时甚至食不果腹,但是他从来没有因此而随意地麻烦别人。

作为一个正常人,只要有自食其力的能力,就不要想过依赖别人的生活。一旦养成好吃懒做的恶习，就将失去自我，在被动中过一生。凡事全在自己去做，不依不靠，自立自强是打开成功之门的钥匙，也是力量的源泉。

2.平和由心而生

"心气平和"，说起来是一件简单的事情，做起来却不是那么容易。弘一法师能做自己内心的主人，做自己情绪的主人，不会因为自己的情绪低落而让周围的人受到伤害。然而一般人的喜怒哀乐总是受到外界事物的影响，不能把握自己的内心，情绪不稳定，忽好忽坏。

只有保持内心的平和宁静，在看待外物时才不会有那么多的苦恼。如果内心乱了，看待外物时也就无法保持平静了。

有一个学僧到法堂请示禅师道："禅师！我常常打坐，时时念经，早起早睡，心无杂念，自忖在您座下没有一个人比我更用功了，为什么就是无法开悟？"

禅师拿了一个葫芦、一把粗盐，交给学僧道："你去将葫芦装满水，再把盐倒进去，使它立刻溶化，你就会开悟了！"

学僧遵示照办，没过多久，他就跑回来说道："葫芦口太小，我把盐块装进去，它不化；伸进筷子，又搅不动，我还是无法开悟。"

禅师拿起葫芦倒掉了一些水，只摇了几下，盐块就溶化了。禅师慈祥地说道："一天到晚用功，不留一些平和心，就如同装满水的葫芦，摇不动，搅不得，如何化盐，又如何开悟？"

学僧又问："难道不用功可以开悟吗？"

禅师说："修行如弹琴，弦太紧会断，弦太松弹不出声音，中道平和心才是悟道之本。"

学僧终于领悟。

生命就是这样，你刻意追求的东西往往终生得不到，而你无心的期待往往会在淡泊平和中不期而至。

人生在世，谁都会遇到许多不尽如人意的烦恼事，关键是你要以一份平和的心态去面对这一切。我们不可能像佛家高僧那样进入一种心外无物的高超境界，但我们至少还可以努力做到临危不惧，宠辱不惊，不以物喜，不以己悲。成功时，我们不要得意忘形；失败时，我们也不要灰心气馁，以一颗平和心坦然处之。

在这个繁华的世界，人的心似乎越来越浮躁，人们越来越不甘心平庸，面对这太多的诱惑，每个人都蠢蠢欲动。但是，人们在拼命追逐金钱、名利的同时会失去更加宝贵的东西，那就是平和的心态。

拥有一颗平和心，笑对一切，时时调养心情，保持最佳心态，让快乐时时陪伴我们。平和由心而生，对一切平凡的生活，我们选择珍惜，灵魂飘逸的深处，总会有一种生命的感动。

一位伟大的国王某天晚上做了个梦。在梦里，一位先人告诉了他一句话，这句话涵盖了人类所有的智慧——让他高兴的时候不要忘乎所以，忧伤的时候也要能够自拔，始终保持勤勉，兢兢业业。

但是，国王醒来以后，却怎么也想不起那句话来。于是他召来了最有智慧的几位老臣，向他们说了那个梦，要他们把那句话想出来。他还拿出一颗大钻戒，说："如果谁想出那句话来，我就把它镌刻在戒指上面，并把这颗戒指天天戴在手上。"

一个星期以后，几位老臣来送还钻戒。上面刻上的却是这样一句话："一切都会过去。"

以平和心对事,以平和心生活,这就是人生的智慧。快乐的时候,不得意忘形;痛苦的时候,相信明天很快就会来临。

拥有平和的心态,是获得快乐幸福的人生保证。只有正确看待困难与挫折,成功与失败,付出与回报,才能使自己达到"宠辱不惊,看庭前花开花落;去留无意,望天上云卷云舒"的境界。

人生在世,总会遇到一些不顺心的事情,记得用一颗平和心态去面对。因为平和的心态会让我们心情轻松,不会因为面前的不顺心而影响了做事的冷静和理性。

星云大师说:"在这个世界上,没有一劳永逸、完美无缺的选择。你不可能同时拥有春花和秋月,不可能同时拥有硕果和繁花,不可能所有的好处都是你的。你要学会权衡利弊,只有学会放弃些什么,然后才可能得到些什么。你要学会接受生命的残缺和悲哀,然后心平气和。因为,这就是人生。

3.让人劳累的是心头的重负?

弘一法师摘录过两句话:"不为外物所动之谓静,不为外物所实之谓虚。"不爱外物的诱惑内心就清静,不因外物而悲喜就是胸怀宽广。内心清静的人,才不会为外物所动,自然心头也不会有负担,这样才活得轻松自在。

弘一法师酷爱莲花,他对莲花有高度的评价:"只缘尘世爱清姿,莲座现身月上时。菩萨尽多真面目,凡间能有几人知?"因为莲花出淤泥而不染,他希望世人都有一颗莲花一般纯洁的、无尘污染的心,驱除利欲,进行自我解脱。

一般人很难做到一心一用,他们在利害得失中穿梭,囿于浮华、宠辱,产生了种种思量和千般妄想。他们在生命的表层停留不前,因而迷失了自己。

一个人只有心无杂念，将功名利禄看穿，将胜负成败看透，将毁誉得失看破，才能在任何场合放松自然，保持最佳的心理状态，充分发挥自己的水平，施展自己的才学，从中实现完满的"自我"。

一天，坦山和尚与徒弟在去某地说法的途中遇到了一条小河，河水虽不大，也不湍急，但因为刚下过大雨，河沟泥泞不堪。

师徒二人正准备渡河时，后面来了一位穿着得体、体貌端庄的年轻姑娘。姑娘行色匆匆，好像有急事要办，但是到了河岸边后却面露难色。

看到这一情景，坦山和尚便上前对姑娘说："施主，贫僧背你过去吧！"

紧跟在他后面的小沙弥听到师父的话后，心里嘀咕道："平日里师父教导我们，不能接近女色，为什么今天自己却犯清规呢？"

小沙弥本想当场问师父，但又怕惹怒师父，只得忍受九转回肠的折磨，闷闷不乐地跟在师父后面。

然而很多天过去了，小沙弥还是对当日师父背姑娘过河的事情念念不忘。一天，他终于憋不住了，于是问坦山和尚："师父，您经常教导我们，出家人不可以亲近女色，可为什么前些日子，您却背漂亮的女施主过河呢？"

坦山和尚听了小沙弥的问话，讶异地答道："我背那位女施主过河后，就把她放下了，没想到你却一直紧紧背着她，到现在都还没放下来！"

很多萦绕心头的烦恼，不是因为它本身有多麻烦，而是因为我们总把它放在心里。弘一法师说："世间烦恼都是由念而生，放下欲念是一种内心境界。若放不下便饱受烦恼折磨，放得下内心才能坦然宁静。"

佛说："放下才能得解脱。"困扰我们的是我们的心灵，而不是当下的生活。如果能以一颗平常心去对待生活中的一切，就会祛除心中的杂念，享受一种超然的人生。

心中有太多的杂念，就会生出太多的忧愁烦恼，成为自己的精神负担。如果精神负担太重，就会累得一生直不起腰来。只有把心理负担卸下来，才能找到真正的快乐和心灵的家园。

有一位老和尚,自出家以来,严守戒律,整日提心吊胆,唯恐违犯戒律,死后坠入地狱。

一天晚上,老和尚从外面赶回寺院,为了抄近道,就走过一片茄子地。走着走着,脚下似乎踩到一样东西,并发出"咕"的一声响。由于天黑,老和尚也没细看就回去了。

回去后,老和尚觉得自己踩死的是一只蛤蟆,肚子里还有很多卵。他后悔不已,一晚上没睡好觉。那只被踩死的蛤蟆不时地出现在眼前,还带着数百只小蛤蟆向他索命。

第二天,老和尚赶忙跑到茄子地去查看,没有发现蛤蟆的尸体,只看到一只被踩破的茄子。他感慨万分,说道:"梦是一个谎,本是心头想,蛤蟆来索命,踩烂茄子响。"

一个人心理负担过重,就会生出千种折腾、万般烦恼。只有去除心中的杂念,心灵才能自由。有人说人生累,其实是心累。心累是因为人有太多的欲望,太多的杂念。使我们劳累的不是工作,而是心头的负担。

在现实生活中,我们想要的东西太多,而我们心头的负担也太重,这样就给自己增添了莫名的烦恼。在人生路上,负累的东西越少,走得越快,越能尽早接触到生命的真意。

4.不是生活太艰难,是你的脚步不从容

"应事接物,常觉得心中有从容闲暇时,才见涵养。"这是弘一法师编订的《格言别录》中的一句话。这也是弘一法师的真实写照,他的一生处事接物时总能保持一份淡定从容,常令周围的人为之叹服。

从容,是因为内心镇静而沉着地面对人生,哲人说:"从容,是一种聪明的糊涂。"从容不仅仅是一种性格,它更是一种品质、一种风范、一种气度、一种成熟、一种素质。从容地面对人生,有了一份坦然;从容地面对生活,有了一份淡定。

人生在世,如果计较的东西太多,名利地位、金钱美色,样样都不肯放手,那就会如牛负重,活得很累。只计较对自己最重要的东西,并且知道什么年龄该计较什么,不该计较什么,有取有舍,收放自如。

弘一法师的家庭环境十分优越。他的父亲去世时,甚至连直隶总督李鸿章都来操办丧礼。当他留日归来后,家道中落,经济条件一落千丈,富贵日子一去不返。但他依然能从容度日,靠工作养活家人,还时时挤出一部分钱接济贫困学生。他真正做到了随遇而安,心态之好让人佩服。

弘一法师出家后,僧衣、铺盖都很寒简。一次,弘一法师应邀去青岛湛山寺宣扬佛法。有一位高僧看到他衣着极为普通,觉得有作秀之嫌。一天,他悄悄去法师房间查探,结果发现,弘一法师的房内异常朴素,床上是破旧的衣服和被褥,桌上只有几部经书,毛笔已经用秃了。

富日子有富日子的过法,穷日子有穷日子的过法。弘一法师真正做到了随缘、随心,从容淡定,不因为家庭的变故而心态不平衡,而将自我投入当下的生活。心在莲池,纵使有风吹过,也不会惊起涟波。

唯有从容，在苦难来临时，方能处惊不变，镇定自若，不怨天尤人，并且勇于承接，敢于担当，不回避，不妥协，尽可能以自己的智慧、力量和才识走出困境。在挫折面前，不苛求自己，不难为自己。

从容是人生主体的自我解放，是由必然王国向自由王国的不断迈进。"从容不迫"，从容，是镇静自若，安之若素，稳如泰山。不迫，即沉着，冷静，不慌乱，不急躁，不屈不就。这是一种久经历练的心理素质和精神境界。

从容之人，为人做事不急不慢、不躁不乱、不慌不忙、井然有序。面对外界环境的各种变化不愠不怒、不惊不惧、不暴不弃。虽遭挫折而不沮丧，虽遇成功而不狂喜。

佛教说："道即是平常心。持平常心处于世，永立于不败之地。顺其自然，即可得静，宁静而致远。"平常心即是从容，从容是一种人生修炼，也是一种力量，一种智慧。

从容是一种心境，不仅是对待周围的环境要做到"不以物喜，不以己悲"，对待周围的人和事更要做到"宠辱不惊，去留无意"。这样才能让我们的生活，有一份平静和谐。

苏东坡在江北瓜州任职时，与一江之隔的金山寺住持佛印禅师是至交，两个人经常谈禅论道。

一日，苏东坡自觉修持有得，即撰诗一首："稽首天中天，毫光照大千。八风吹不动，端坐紫金莲。"诗成后遣书童过江，送给佛印禅师品赏。禅师看后，拿笔批了两个字，即叫书童带回。

苏东坡以为禅师一定是对自己的禅境大加赞赏，急忙打开，不料上面竟写了两个字："放屁。"这下苏东坡真是又惊又怒，即刻乘船过江找佛印理论。

船至金山寺停下，只见禅师早已在江边等候。苏东坡一见佛印立即怒气冲冲地说："佛印，我们是至交道友，你即使不认同我的修行、我的诗，也不能骂人啊！"

禅师大笑说："咦，你不是说'八风吹不动'吗，怎么一个屁字，就让你过江来了？"

苏东坡听后恍然而悟,惭愧不已。

从容是藏在我们灵魂深处的一种美德。"行到水尽处,坐看云起时。"人生,需要一颗安静的心,一份淡然的超越,一份从容和淡定。人能达到从容的境界不易,若想做到事事处处时时从容,需要有大气派、大智慧、高境界。

5.静心思考才能得智慧

弘一法师曾说:"盛喜中,勿许人物。盛怒中,勿答人书。喜时之言,多失信。怒时之言,多失体。""意粗,性躁,一事无成。心平,气和,行祥骈集。"这几句话是叫人不要随意动怒或高兴,否则容易坏事。只有静下心来多思多想,才能做事得体,凡事周道。

从前,有个人很笨,所以他一直都很穷,可是他的运气还不错。在一次下雨的时候,有一堵围墙被雨冲倒了,他居然从倒了的墙里挖出了一坛金子,因此他一夜暴富。可是他依然很笨,他也知道自己的缺点,于是就向一位老人诉苦,希望老人能为他指点迷津。

老人告诉他说:"你有钱,别人有智慧,你为什么不用你的钱去买别人的智慧呢?"

于是,这个愚人来到了城里,见到一位智者,就问道:"你能把你的智慧卖给我吗?"

智者答道:"我的智慧很贵,一句话一百两银子。"

那个愚人说:"只要能买到智慧,多少钱我都愿意出!"

于是那个智者对他说道："遇到困难不要急着处理，三思而后行，你就能得到智慧了。"

"智慧这么简单吗？"那人听了将信将疑，生怕智者骗他的钱。

智者从他的眼中看出了他的心思，于是对他说："你先回去吧，如果觉得我的智慧不值这些钱，那你就不要来了，如果觉得值，就回来给我送钱！"

当夜回家，在昏暗中，他发现妻子居然和另外一个人睡在炕上，顿时怒从心生，拿起菜刀准备将那个人杀掉。突然，他想到白天买来的智慧，于是来回踱步思量如何用智慧解决这个难题。正走着时，那个与他的妻子同眠者惊醒过来，问道："儿啊，你在干什么呢？深更半夜的！"

愚人听出是自己的母亲，心里暗惊："若不是白天我买来的智慧，今天就错杀母亲了！"

第二天，他早早地就出门给那个智者送银子去了。

许多表象其实都具有迷惑性。我们在拿不定主意的时候，不妨冷静下来，理清头绪，也许答案就会随之产生，难题也可以迎刃而解了。

学会静心，这样才能看见事物背后的真相。紧张时静心，你会拥有一份从容和镇定；愤怒时静心，你便能和风细雨地化解矛盾；疲惫时静心，你会更有信心地走好后面的路。

得意时，不要过分忘形，静心，你会发现这点成功实在是微不足道；失意时，不要盲目悲观，静心，你会发现自己其实有很多优点；痛苦时，不要借酒消愁，静心，你会发现看淡一点，快乐其实离你并不遥远；绝望时，不要意气用事，静心，你会发现生活的另一面正阳光灿烂、繁花似锦……

来去匆匆的人生旅途中，停住脚步，静心，是件幸运的事。整理一下自己的心情，校定方向，再从容起程，或许能走出一个崭新的自我。

心里平静、安定的人，能有效地运用他的智慧，去解决生活的问题，因为静心给智慧提供了孕育的空间。静心是指自己不被外界的刺激所诱惑，不被自己的贪婪、嗔怒、愚痴、傲慢和疑心所牵动，维持醒觉的状态，看清一切，打开智慧之窗,绽放觉醒的光芒。

当一个人放不下心中的执著与杂念时,就会心浮气躁,就很难对周围的事情作出一个正确的判断,也不能冷静理智地思考对策。这样的人更应该学会静心,因为静心能产生智慧,一个人在最宁静时刻的思维,必定是他灵魂升华之后的智慧结晶。

静心不仅是一种修养,更是一种智慧。事情当前,临危不乱,自能产生出无限的智慧,化解困难。心浮气躁之人,非但不能解决问题,反而误事。

6.心有挂碍不如定心明志

弘一法师决定出家后,把他的几个学生叫到房间里,对他们说:"我已经辞去教职,就要离开这里了。我的一些东西大都已分散了,收藏的印章,全部赠送西泠印社;油画作品,寄赠北京国立美专学校。这几件东西,就留给你们做个纪念吧。"弘一法师说完,就把他的一些东西分赠给几个学生。

夏丏尊对此事感慨不已,他说:"艺术本是他的生命,现在,他居然毫无留恋地全抛弃了!出家是绝无回头的余地了!"

弘一法师毅然决然地出家,抛却红尘中的一切,做到无牵无挂,一心一意修行,这才终成一代宗师。一个人要想做成一件事情,只有不受外界干扰,全力以赴,才能成功。

白云守端禅师在方会禅师门下参禅,几年来都无法开悟,方会禅师怜念他迟迟找不到入手处。一天,方会禅师借着机会,在禅寺前的广场上和白云守端禅师闲谈。方会禅师问:"你还记得你的师父是怎么开悟的吗?"

白云守端禅师回答:"我的师父是因为有一天跌了一跤才开悟的,悟道以后,他说了一首偈语:'我有明珠一颗,久被尘劳封锁。今朝尘尽光生,照破山河万朵。'"

方会禅师听完以后,大笑几声,径直而去,留下白云守端禅师愣在当场,心想:难道我说错了吗?为什么禅师嘲笑我呢?白云守端始禅师终放不下方会禅师的笑声。几日来,他饭也无心吃,就是在睡梦中也常会无端惊醒。白云守端始禅师实在忍受不住,就前往请求方会禅师明示。

方会禅师听他诉说了几日来的苦恼,意味深长地说:"你看过庙前那些表演猴把戏的小丑吗?小丑使出浑身解数,只是为了博取观众一笑。我那天对你一笑,你不但不喜欢,反而不思茶饭,梦寐难安。像你对外境这么认真的人,连一个表演猴把戏的小丑都不如,又如何能参透无心无相的禅呢?"

在生活中,有的人太敏感,别人的一句话,一个眼神,都会干扰他的情绪,影响他的心情,进而影响他的工作。诸葛亮说:"非淡泊无以明志,非宁静无以致远。"只有心底清静,不受外界环境干扰,心无挂碍,才能坚定自己的志向。

心中没有挂碍,便不会有烦恼。有挂碍就是有执著,有执著的人就有烦恼。人们在做事情时,总是会抱着一定的目的,这也是一种挂碍。一旦有了挂碍,内心便不能清静,就会落入迷惑之中。

心中有挂碍,就是心中有太多的贪念,对一切恋恋不舍,放不下,因此心中就会生出万般烦恼。要做到心中无挂碍并非不易之事,只要我们减少心中的欲望,就会减少挂碍,也就会减少烦恼。

唐朝有一个有源和尚对佛律很有造诣,他在听说慧海禅师在这方面也很有心得后,便启程前去拜访。

第一次,有源见慧海吃饭时狼吞虎咽,仿佛无人在旁,便转身离去。

第二次,有源见禅师大白天还在睡大觉,呼噜打得震天响,又摇头离去。

第三次,慧海禅师既没有吃饭也没有睡觉,他请有源相坐而谈。有源就问:"禅师,你修道还用功吗?"

禅师答道:"用功。"

有源心想真是大言不惭。便又问道:"请问和尚是如何用功的?"

慧海知道有源问话的含义了,便说:"饿了就吃饭,困了就睡觉。"

"难道人们都像你这样用功吗?"

"不同",慧海答道,"有些人该吃饭的时候不肯吃,该睡觉的时候不肯睡,千般计较,所以是不同的。"

心无挂碍的字面解释是指心中没有任何牵挂。这个词出自《般若波罗蜜多心经》:"是故空中无色,无受、想、行、识,无眼、耳、鼻、舌、身、意,无色、声、香、味、触、法,无眼界,乃至无意识界,无无明,亦无无明尽,乃至无老死,亦无老死尽,无苦、集、灭、道,无智亦无得。以无所得故,菩提萨埵,依般若波罗蜜多故,心无挂碍,无挂碍故,无有恐怖,远离颠倒梦想,究竟涅槃。"

在生活中,我们面对无数的虚境,会生出无数的欲念,便会心有挂碍。一旦心有挂碍,便会产生无尽的烦恼。所以,"心有挂碍"是烦恼的根源之一。断除这一烦恼的途径便是做到"心无挂碍"。

只有做到不受外界干扰,心无挂碍,才能静下心来,干自己该干的事;才能明确自己的志向,实现自己的梦想。

第七课

慈悲:寄悲悯心于人于物

1.仁爱应摒却私心

弘一法师在《悲智颂》里说:"悲智具足,乃为菩萨。只有生存的智慧而没有半点悲悯之心,别说做菩萨,就是做人也不配。"弘一法师认为,悲悯之心是人应该具备的基本素养。他说:"愿发仁慈,常起悲悯。"所谓仁慈、悲悯就是怜天下之人,并以一己之力救天下之人。

弘一法师还说过:"以虚养心,以德养身。以仁养天下万物,以道养天下万世。"意思是说,胸无成见以养心,良好的德性以养身,仁爱以养天下万物,大道以养天下万世。弘一法师有一颗仁爱之心,不仅是因为他有出家人的慈悲为怀,而是他从心底就是一个仁爱之人,没有个人的私心杂念。

弘一法师出家后,生活清苦,别人供养的钱财,他不占一丝一毫,都用来宣扬佛法，救济灾民。有人送他一副名贵的眼镜，他收到后变卖掉，用得来的钱购买粮食，救济难民。他说："见事贵于理明，处事贵乎心公。"

包拯在任开封知府期间，不畏权贵，执法如山，为民做主。当他得知自己的侄子犯法之后，不顾他人劝阻，毅然将之斩首，以正国法。

包拯在历代官员中算是最大公无私的一个。抛弃私欲的他时时刻刻将国法、百姓放在第一位，事事以此为先，故而能够将个人生死置之度外，与当朝权贵周旋；能割舍亲情，还百姓一个公道。

当一个人能做到仁爱无私时，他的言行举止莫不会惠及他人。无私的人心里装着的永远是他人，做任何事情都会首先考虑到他人的利益，为他人谋福利。这样的人，刚直不阿、公平公正，会为他人的利益不顾自己的危险，挺身而出。这样的人，他们的仁爱之心惠及天下，仁爱之举泽被苍生，因而他们会永远活在人们的心中。

一身正气无媚骨，心底无私天地宽。做人要像蜡烛一样，在有限的生命中，有一分热发一分光，给人以光明，给人以温暖。要记住，"非理之财莫取，非理之事莫做，明有刑法相系，暗有鬼神相随"。要做到无贪心，无私心，心存清白真快乐；不寻事，不怕事，事留余地自逍遥。

古今中外，凡是老百姓爱戴的人物，都是没有私心的，他们为大众谋福利，他们舍身求法为苍生。有的人虽彪炳史册，千古留名，却不能深入人心，为老百姓所爱戴，就是因为他们做事的出发点不是为了旁人而是为了自己的功德。在这一过程中，他们虽然推动了历史的发展，却伤害了百姓的利益。

没有私心，让心灵中只有真理与正义。心底无私，则世无难事。包拯无私，则侄儿铡得；尧舜无私，则天下让得。他们之所以能为常人所难为，只因心底无私而已。

有一天,提婆达多生病。很多医生来为他看病,但不能把他医好。身为他的堂兄弟,佛陀也亲自来探望他。

佛陀的一个弟子不解,问道:"您为什么要帮助提婆达多?他屡次害您。甚至要把您杀死!"

佛陀回答说:"对某些人友善,却把其他人当做敌人,这不合乎道理。众生平等,每个人都想幸福快乐,没有人喜欢生病和悲惨。因此,我们必须对每一个人都慈悲。"

于是,佛陀靠近提婆达多的病床,说:"我如果真正爱始终要害我的堂兄弟提婆达多,就像爱我的独生子罗侯罗的话,我堂兄弟的病,立刻会治好。"提婆达多的病立刻消失了,恢复了健康。

佛陀转向他的徒弟说:"记住,佛对待众生平等。"

除去私心,让心灵的天空升起一轮慈悲的太阳。忘掉猜疑,忘掉嫉妒,忘掉仇恨,留下的是菩提花果。把他人的成功视为自己的胜利,你将永远不会失败;把他人的快乐当作自己的幸福,你将永远没有痛苦。原谅他人的错误,你会赢得更多的菩提。心,总是因为有宽容,才有了清净。

"人无私心便成佛"。无私是伟大的,一切自私的行为在它面前都会无地自容地退缩;无私是纯洁的,能化解委屈冰冻的心灵,让整个世界充满暖融融的爱意;无私是真诚的,如果你肯这样对待他人,也会得到他人同样的回报。佛为众生,没有一点私心,所以他对一切人事物看得清楚。

私心是心灵的包袱,是人性的原始背叛。勇敢地抛弃它,你会感到一身的轻松,一生的宽容。只有除去私心,你才会有真正的潇洒人生,一切烦恼自然烟消云散。

人,无论是谁,都会有私心,这是人天性中的缺陷,但这种缺陷,并不是无药可救的。我们应该懂得,仁爱应摒却私心,自己对别人的态度,就是别人对自己的态度,善与爱无法共享的世界必是一片黑暗。

生命不是用来自私的,一个自私的人注定会伤害到自己,而一个乐于助人的人，反而会从别人那里得到好处。把自私从你的心里赶走，你的心中就会充满光明。

2.善待一只蚂蚁

弘一法师是一位很慈悲的人。从小就同情"下等人"，爱护小动物。出家后，更是慈悲，连一只蚂蚁也不肯伤害。他曾为《护生画集》中一幅"蚂蚁搬家"的画题诗：

墙根有群蚁，乔迁向南冈。

元首为向导，民众扛糇粮。

浩荡复迤逦，横断路中央。

我为取小凳，临时筑长廊。

大队廊下过，不怕飞来殃。

有一次，弘一法师到丰子恺家里，丰子恺请他到藤椅上就坐，而他却先把椅子轻轻摇动几下，然后才慢慢地坐下去。丰子恺虽疑惑，却也没有多问。后来，丰子恺看他每次都是如此，就忍不住问了出来。弘一法师回答："这椅子里头，两根藤之间，也许有小虫伏着，突然坐下去，会把它们压死。所以要先摇动一下，好让它们走开。我们众生每天小心谨慎，怕出些什么灾祸。那些活在椅子上的小虫们又何尝不是如此呢？"

弘一法师关心爱护蚂蚁小虫，出发点是他的慈悲之心。正如他在《华严经》上所说："于一切众生，当如慈母。"他的修持，已经到了自然而然的境界，随时随处都做得那么周到自然，无一点勉强。

世间的生命原本没有所谓的"高、低、贵、贱"之分，每一个生命都有其存在的意义和价值。人不过是一种高级的动物，或许自认为是更尊贵的生命，但说话做事不要失了"人"的身份。德国哲学家海德格尔说过："人只有诗意地栖居在大地，才是作为人而存在。"

在有修为的人眼里，万物是平等的。但是很少有人能意识到这一点，能够真心地爱护他人的性命。在很多人的眼里，不仅是人和其他生命体有尊卑之别，就连人与人之间也是有等级差距的。高高在上的人可以任意屠戮下面人的生命。这就是为什么人类之间争斗不绝的原因。

慈悲善待自己，也慈悲善待一切众生。把很多的灾祸大而化小、小而化无，才是真正的消灾；把原来狭窄的心量扩大，扩大到无量，才是真正的消灾。

滴水和尚十九岁时就到曹缘寺拜仪山和尚为师，刚开始，滴水和尚被派去替其他和尚们烧水洗澡。有一次，师父洗澡嫌水太热，便让他去提桶冷水来冲凉一下。他便去提了冷水来，先把部分热水泼在地上，又把多余的冷水也泼在地上。师父便骂道："你这么冒冒失失的，地下有多少蝼蚁、草根，这么烫的水下去，会坏掉多少性命！你若无慈悲之心，出家又为了什么？"

滴水和尚顿时开悟了，并以"滴水"为号，此即"曹缘一滴水"的故事。

一切众生都有生存的权利和自由，我们自己怕受伤害、畏惧死亡，众生无不皆然。众生的类别虽有高低不同，但生命绝没有贵贱、尊卑之分，如果人人发扬这种平等、慈悲的精神，我们的世界一定会和谐、和平、互助、互敬、互爱、融洽无间，将没有一个人会受到故意的伤害。

大多数人认为蟑螂、蚊子、苍蝇之类是害虫，如果对它们也要怜悯慈悲，不是没有原则、敌我不分吗？所谓的害虫，只是站在人类的立场而言，是相对而非绝对的。对于人类来说，它们确实给生活带来了一些困扰。但对世间其他生命来说,人类难道不是造成更大危害的罪魁祸首吗?造成环境污染,各种野生动物灭绝的,不正是人类自己吗?如果我们只是站在自身的立场看待问题,就不可能做到平等地关爱一切生命。所以说,不杀生不仅是为了尊重生命,更是为了培养自身的慈悲心。

一位韩国和尚,他出家前是猎人——专门捕捉海獭。有一次,他一出门就抓到一只大海獭。等剖下珍贵的毛皮后,他就把尚未断气的海獭藏在草丛里。

傍晚时,猎人回到原来的地方,却遍寻不着这只海獭。再仔细察看,才发现草地上依稀沾着血迹,一直延伸到附近的小洞穴里。

他探头往洞里瞧瞧,不禁大吃一惊。原来,这只海獭忍着脱皮之痛,挣扎着回到自己的窝。可它为什么要这么做呢?猎人疑惑不已,等他拖出那只早已气绝身亡的海獭时,才发觉有两只尚未睁眼的小海獭,正紧紧吸吮着死去母亲的干瘪的乳头。

于是,这位猎人放下屠刀,出家修行去了。

弘一法师对待护行的态度可谓郑重之极,夏丏尊回忆说:"法师写字,书写至刀部,忽然停止住了,问他原因,他说:'刀部之字,多有杀伤意,不忍下笔耳。'其慈悲之心,可见一斑。"

有一首诗这样写道:"谁道群生性命微,一般骨肉一般皮。劝君莫打枝头鸟,子在巢中望母归。"每一种生物的存在都有其自身的理由,爱护每一种生物,爱护自然环境,也是爱护人类自己。

3.为他人提一盏灯笼

弘一法师说:"临事须为别人想,论人先将自己想。"我们遇到事情时,不能只考虑自己的利益,而不考虑别人的利益,从而做出损人利己的事情。为人处世要"有所为,有所不为"。一件事情到底该不该做,我们不能以是否对自己有利为标准来判断,还应该考虑到他人的利益。

有一个盲人,他在走路的时候总会提着一盏灯笼,人们很不解,就问他:"你什么也看不见,干什么还要提着一盏灯呢?"盲人笑笑说:"我虽然看不见,但是别人看得见啊!我为别人照亮了路,也可以减少别人撞到自己的机会。"与人方便,就是与己方便。人不能只为自己着想,为别人点亮一盏灯,同样也会照亮自己的路。

我们每个人都可以在为自己照明的同时,也让其他人能看见光明,尽管表面上看来我们并不需要这么做。为他人照亮道路并不是一件容易的事。许多时候,我们不但没有为他人带来光明,反而用自私、无情、仇恨和怨恨使别人的路变得更加黑暗。如果所有的人都能为他人带来光明,如果所有的人都点亮一盏灯,那么整个世界将充满光明!

"予人玫瑰,手留余香"。生活在这个世界上,我们要学会为他人点一盏灯。然而,当人们不再那么需求彼此的时候,就开始变得自私自利,只想着为自己做事。这就在人与人之间造成了深深的裂痕。人们在遵循丛林法则,互相拼斗,闹到至死方休,却从来没有想过,这样做会让人类走向灭亡。只有学会为他人点一盏灯,做事多为他人考虑,人与人之间才能重新建立相互信赖,互相扶持的关系,也只有这样,人们才能创造更多的财富,才能各取所需。若是我们每个人都只想着索取,却不愿意付出,那么其结果就是谁也无法得到。

有一天，驴子随主人外出，结伴同行的还有主人的狗。驴子外表看来神态庄重，但头脑却是空空一片，从来不想事情。半路上，主人因休息睡着了，驴子就趁机大嚼大啃起青草来，这块草地的草特别合它的胃口，驴子吃得还算满意。

这时狗见驴子大嚼青草，感到腹中饥饿，就对驴说："亲爱的伙伴，我求你趴下身子来，我想吃面包篮里的食品。"但狗没有听到一点回答，驴子只顾埋头吃草，生怕浪费了这大好的进餐时光。

驴子装聋作哑了好一阵子，总算开口回了话："朋友，我还是劝你等等看，待主人睡醒后会给你一份应得的饭，他不会睡得太久的。"

就在这时，一只饿极了的狼打村庄里跑了出来，驴子马上叫狗来驱赶，这时候的狗可就不愿动了，它回敬道："朋友，我劝你还是快跑吧，等主人醒了再回来。他不会让你等多久的，赶快跑吧！假如狼追上了你，你就用主人新给你装上的蹄铁狠劲地踢，踢碎它的下巴颏。相信我的话没错，你会把它踢躺下的。"

就在狗还在说这些风凉话的时候，狼已经把驴子咬死，驴子再也活不过来了。

秋天到了，也就到了丰收的季节，山里的果树每一棵都结满了果实。一只小刺猬在山里漫步，它走了很长时间，于是在一棵苹果树下休息。望着苹果树上又红又大的苹果，小刺猬垂涎三尺，但是它却因为身材矮小，摘不到树上的苹果，只能吃那些掉到树下的坏苹果。小刺猬心里老大不是滋味，它真的想尝尝新鲜的苹果是什么滋味。

就在这个时候，一只山羊走了过来，它看见小刺猬在怔怔地发呆，于是就问："你在这里干什么呢？"

刺猬说："我在想怎么能够摘到树上新鲜的苹果。"

山羊听了它的话之后想：我也非常想吃苹果，但是如果我用角把苹果顶下来，还是会在地上摔坏的，该怎么办呢？于是，它们两个一起望着苹果树发

109

起了呆。

过了一会,小刺猬突然说:"我有办法了,你用你的角把苹果顶下来,我在下面接着不就行了。"山羊一听,觉得这是一个好办法。于是它们俩就动起手来。最后,它们两个都尝到了新鲜水果的滋味。

许多人活了一辈子都不会想到,自己在帮助别人的同时,就等于在帮助自己。因为一个人在帮助别人时,无形之中就已经投资了感情,别人对于你的帮助会永远记在心上。

如果我们愿意主动分一杯羹给别人,那么我们都可以喝到,如果我们不愿意分享,那么势必会因为争夺而将其打翻在地。得与失的界限没有那么明显,我们在这里失去了的,肯定会在其他地方得到。

人的美德莫过于在自己通过一扇门之后,主动将门打开,让其他人也进来。如果我们存有私心,关闭大门,将后边的所有人都挡在门外,那么我们会发现门内的路崎岖难行,没有别人的帮助,我们自己根本就无法行进。而当我们想要转身退出的时候,又会发现,大门已经被别人从外面锁上了。人与人之间只有相互帮助,人生道路才能走得更顺畅。

4. 悯物之心长存

弘一法师说:"水边垂钓,闲情逸致。是以物命,而为儿戏。刺骨穿肠,于心何忍。愿发仁慈,常起悲悯。"弘一法师称得上是一位真正懂得并且做到了悯物的人,他对任何事物都珍惜至极,并且时刻怀抱着一种博大的悲天悯物的情怀。

没有生命的事物也应值得去悲悯和珍惜,一个人如何对待生命以外的东西,直接关系到他如何对待生命本身。因此,悯物之心的第一步就是学会珍惜身边的一切事物,不管是有生命的,还是没有生命的。

弘一法师出家之后在《悲智颂》里说:"悲智具足,乃为菩萨。只有生存的智慧而没有半点悲悯之心,别说做菩萨,就是做个人都不合格吧?"弘一法师认为,悲悯之心是每个人都应该具备的基本素养。人若是没有这种品格,那也就只是披着一张人皮而已。

唐代的智舜禅师,一向在外行脚参禅。有一天,他在山上的林下打坐,忽见一个猎人,打中一只野鸡,野鸡负伤逃到禅师座前,智舜禅师以衣袖掩护着这只虎口逃生的小生命。不一会儿,猎人跑来向他讨要野鸡:"请将我射中的野鸡还给我!"

智舜禅师带着耐性,无限慈悲地开导着猎人:"它也是一条生命,放过它吧!"

猎人一直和智舜禅师纠缠:"你要知道,那只野鸡可以当我的一盘菜哩!"

智舜禅师无法,立刻拿起行脚时防身的戒刀,把自己的耳朵割下来,送给贪婪的猎人,并且说道:"这两只耳朵,够不够抵你的野鸡,你可以拿去做一盘菜了。"

猎人大惊,终于觉悟到打猎杀生乃最残忍之事。

古人说:"救人一命,胜造七级浮屠。"救微命亦复如是。莲池大师说:"沙弥救蚁得高寿,拯溺蝇酒匠免死。"《六度集经》中记载,"佛陀在前世用腐烂的骨髓济虱微命存活七日,今受供养尽世上献……"

寒山问拾得:"放生可成佛否?"答曰:"诸佛无心,惟以爱物为心,人能救物之苦,即能成就诸佛心愿矣。故一念慈悲,救一物命,是一念观世音也。日日放生则慈悲日日增长,久久不息则念念流入观世音大慈悲海矣。我心即是佛心,焉得不成佛乎。故知放生因缘,非小善之所能比。凡我同愿,宜广行劝勉,善令群生同归悲化。"

儒家讲"达则兼济天下,穷则独善其身"。这句话有给人的自私心找借口之嫌疑，让人们借以为自己的漠然辩护。弘一法师就非常不客气地说："没有悲悯之心的人不配为人。"在佛家看来，佛是没有私心的，他们的所作所为自然都是为天下人。庄子也曾经说过："有亲，非仁。"他驳斥了孔子所讲的仁爱的顺序，在他看来，只有没有任何私心的人，才能称得上是"仁"，才能兼济天下。

1924年，弘一法师挂裬于宁波七塔寺，当时正是兵荒马乱时期。他的朋友夏丏尊邀他到白马湖小住。他所带的铺盖只是一床破席，衲衣为枕，洗脸的毛巾虽破旧但洁白。夏丏尊要替他换掉这些所携之物，却被弘一法师婉言谢绝了。

他平淡地说："还可以用，好好的，不必换了。"

夏丏尊带来的饭菜，咸了些。他又微笑着说："这样蛮好的，咸有咸的滋味嘛！"

夏丏尊说："你在这里安心住好了，每天我会差人送饭来的。"

"不必了，出家人化缘是本分。"弘一法师还是婉拒。

"那么，下雨天就让人送饭来吧！"夏丏尊请求说。

"不用了，我到你家去好了，下雨天也不要紧，我有木屐可走潮地，这可是我的法宝呢！"

后来，夏丏尊先生说到弘一法师，总是赞叹不已："在他心中，凡这个世界上的东西，都是宝，他都很是珍惜。小旅店、大统舱、破席子、旧毛巾也好，白菜、萝卜也好，走路也好，木屐也好，他都觉得好得不得了。人家说，这太苦了，他却说这是一种享受，是真正的享乐！"

悯物的本质一方面是珍惜，而另一方面则是对自由的一种尊重。万事万物在自然界原本都是应该享有自由的。

常存一颗悯物的心，不仅是一种博大的情怀，更是对人生与自然的一种理解和顿悟。我们从来都是与周围的事物和自然融于一体的，对它们进行关怀，实际上也是在关怀我们自身。

5.怜悯之心怎可图利

弘一法师说:"一蟹失足,二蟹扶持。物知慈悲人何不知?"意思是说,一个螃蟹失去了一条腿,另外一只螃蟹就会过来扶持,连螃蟹都能患难与共,发慈悲之心,人为何不能这样呢?这首诗的名字叫《生的扶持》,是弘一法师在《护生画集》上做的配诗。其中寓意之深刻,令人深思!

弘一法师想通过这首诗告诉人们,以慈悲之心助人不是交易,不应期待相等的回报。甘心情愿的付出,不是让人感激,更不要让人内疚。付出了就期待别人回报,如果回报不如自己的预期,那么就会徒生烦恼。因此,无所求的态度才是最好的。

如果我们看见别人有了苦难,在去帮助别人之前考虑自己的利益,那么我们就一定是期望回报,这是种不正确的想法。佛家讲究普度众生,如果佛祖也要每一个人都回报他的话,那么佛祖就不会有今天如此崇高的地位了。如果我们帮助了别人的时候希望别人能够回报自己的话,那么我们做好事所积下的功德就没有了,福报自然也就没有了。同时,一旦我们要求回报,如果受惠者不提此事,那么我们必然心乱如麻,这会给个人的修养带来很大的障碍。

一户人家在搬家的时候,发现杂物堆中有两只老鼠,大家开始齐声喊打,但很快又住了手。原来,人们发现那两只老鼠有些异样,其中一只老鼠正咬着另一只老鼠的尾巴,它们像手拉手横过马路的孩子那样,大摇大摆地进行"战略转移"。这时候,有人喊了一声:"快看后面那只老鼠,是个瞎子!"

大家定睛望去,只见后面那只老鼠的头部鼓着个瘤子似的东西,两只眼睛被挡住了,变成了盲鼠。

大家一瞬间就明白了眼前发生的一切:大祸临头,那只健全的老鼠不忍丢下可怜的同伴，就把自己的尾巴送到同伴的嘴里，导引它脱离险境。

看着这感人的一幕，人们的心软了，大家不约而同地让出一条通道。

积德行善是每一个人都应该做的事情。生活在这个社会中，我们必然是要为这个社会做一些事情的，否则我们又有什么资格活在这世上呢？如果大家都互不关心，各怀心思，那么人类社会也不可能发展到今天。若是没有原始社会人们的相互团结，互相帮助，人类估计早已经如恐龙一样灭绝了。

学会不求回报的帮助别人、尊敬别人、爱护别人。帮助人时求回报，这是一种有条件的、商业的行为，不是真诚，也不是清净，更不是慈悲。

善待别人。在帮助别人时，你尽可以为这种举动欢欣，但是不要有太多功利的想法，因为帮助别人本身就是一种快乐。爱人就是爱自己，帮助别人也是在帮助自己。

农夫老弗莱明救了一个掉进粪池的小孩，却拒绝收取对方的回报；而小孩的父亲执意要报答农夫，于是资助老弗莱明的儿子上学。

老弗莱明的儿子从伦敦大学圣玛丽医学院毕业后不久，就担任了伦敦大学的细菌学教授，也就是著名的细菌学家弗莱明。他于1928年发现了青霉素，这是对许多病菌有特殊疗效的药物，而弗莱明也因此于1945年获得了诺贝尔生理学和医学奖。

而那个被老弗莱明救起的孩子，长大后成为了英国的首相，他就是大名鼎鼎的政治家丘吉尔。数年后，丘吉尔患了肺炎，这在当时是不治之症，偏巧是弗莱明发明的青霉素救了丘吉尔的性命。

人有时候需要换一种思维，主动帮助别人解决一份困难，可能就是在帮助自己解决困难。当你帮别人的时候，别人会记在心里，也会在一个合适的时间给予你同样的帮助。不要先想着自己能得到什么，要想着自己能贡献什么。"施比受有福"，因为施是给予，是帮助他人，是自己有价值、有能力的具体表现。

其实，生活中的你我他，谁没有遇到过这样或那样的难题！不过，当你在帮助别人之际，尤其是帮助别人渡过难关、解决问题的时候，你不仅精神得到慰抚，心灵得到净化，道德得到升华，而且也履行了一份公民对社会的义务与责任。

大家可能都听过这句话"帮助别人，快乐自己"。生活中常是这样，对人多一份理解、宽容、支持和帮助，其实也是在善待和帮助自己。在当今这样一个注重合作的社会，人与人之间更要形成一种互助的关系。只有我们先去善待别人，善意地帮助别人，才能处理好人与人之间的关系，才能使自己所做的事情获得成功，从而获得双倍的理解与快乐。

6.救苦救难，远胜过个人声名

明代禅宗憨山大师说："荆棘丛中下脚易，月明帘下转身难。"意思是说，荆棘丛中下脚非常困难，但是一个决心修道的人，并不觉得太困难。那么最困难的是什么呢？"月明帘下转身难"，要做常人所不能做，忍常人所不能忍，到这个苦海茫茫中来救世救人，那是最难做到的。

弘一法师为救一个被冤枉的女孩，忍受了内心极大的痛苦与煎熬，做出违背自己所坚守的操行。他说："老衲固然看重操行，但救苦救难，普度众生乃佛门要责，远胜过老衲的个人声名……"

弘一法师在庐山养病期间，得知杨念在一位英国牧师家当家庭教师，而牧师的儿子对杨念垂涎三尺。一天，趁家里没人，竟欲对杨念施暴。杨念拼命挣扎,才得以挣脱魔爪而逃。那家伙穷追不舍,不慎跌下坡坎,脊椎骨折,成高位截瘫。英国牧师反迁怒于杨念,提出要杨念嫁给他的儿子,服侍终生,否则就告到法院判她刑。

弘一法师听说后,气愤地说:"人间竟有这等不平之事!普度众生,救人危难,佛门更是责无旁贷。贫僧不会袖手旁观。"

弘一法师联合庐山地方名流,联名向牯岭法庭严正交涉,为杨念伸张正义。他德高望重,声名远播,领众出面伸冤,迫使法庭不得不慎重对待。

牯岭法庭汪庭长表示,庐山洋人势力大,如果得到九江法院的支持,可能会有转机。弘一法师下山,亲自去九江法院交涉。这次法院终于暴露出对洋人的奴颜媚骨。数日后,法院通知,此案特殊,仍由牯岭法庭妥善处理。

汪庭长悄悄找到弘一法师说,法庭已接到九江法院的指令,不准更改判决,以免和洋人闹僵。眼下只有一个办法,国舅宋子文的岳父张谋之在庐山,他是庐山人,谁敢得罪。如果弘一法师能屈尊请他出面,则胜券在握。

弘一法师出家前,因目睹官场的腐败与黑暗,曾立誓不与官场往来。汪庭长深知他所虑,说:"大师气节令人感佩。但杨念一案除此别无良谋。出家人慈悲为怀,还望大师慎思。"

弘一法师经过一夜深思,最后长叹一声,决定去见张谋之。

违背了自己心愿的弘一法师,翌日清晨悄悄出门,用竹篓背石,不停地往返于山间的小道上。太阳出来时,汗水早已湿透袈裟,竹篓的背索把大师双肩勒出了两道深深的血痕……

当杨念得知弘一法师用这种方式折磨自己,便要服毒自尽。弘一法师见到杨念后说:"杨念女士,老衲决心为你解难,你如此作为,莫非怀疑老衲心不诚?"

杨念哽咽道:"小女子上午见大师背石折磨自己,知大师之万分痛苦,皆是因我而起。我既不能说服大师,只有以此一了百了,方能保全大师的清名!"

弘一大师连连摇头："差矣！差矣！老衲固然看重操行，但救苦救难，普度众生乃佛门要责，远胜过老衲的个人声名。你能体恤老衲，我深表谢意。但你的作为实在是给老衲心上刺了一刀，叫老衲如何安心！我意已决，你若再行鲁莽，必会陷我于不仁不义之境啊。"

弘一法师去见了张谋之。后由张谋之出面，杨念一案重新审理，判决牧师的儿子强奸未遂，杨念无罪。

弘一法师乃出世之人，但他仍做入世之事，遇到世间不平事，他依旧该出手时就出手。虽然是违背自己心愿的事，但只要能救助别人，他仍然会做。这就是为什么弘一法师能受到世人敬仰的原因。弘一法师以救苦救难的爱心怜悯着万事万物，荡涤世人污浊的心灵，引导世人积极向善。

弘一法师做出违背自己意愿的事，是一种"舍"。在人的一生中，会遇到很多需要我们舍的事情。弘一法师为救人，舍下自己一贯坚守的操行，把救人之事看成远超自己名声之事。

7.吃素是为了长慈悲心

弘一法师在《切莫误解佛教》中说："虽然学佛的人，不一定吃素，但吃素确是中国佛教良好的德行，值得提倡。佛教说，素食可以养慈悲心，不忍杀害众生的命，不忍吃动物的血肉，不但减少杀生业障，而且对人类苦痛的同情心会增长。大乘佛法特别提倡素食，说素食对长养慈悲心有很大的功德。所以吃素而不能长养慈悲心，只是消极的戒杀，那还近于小乘呢！"

《华严经》上讲："众生欢喜，诸佛欢喜。"菩萨以慈悲心为根本，因大悲心而发菩提心，因菩提心而成正觉。然而什么是慈悲心？慈悲心就是孟子所说的：“见其生，不忍见其死；闻其声，不忍食其肉。”

有个法师编著的《佛心慧语》一书中说：“大地的儿女，却将餐桌变成一个祭坛，在刀叉匙筷间，咀嚼他们的贪婪、残忍和仇怨。”素食者并非单纯是不吃肉，素食者选择食物的目的，除了有考虑不杀生的原因外，终极的目标是“修心”。

唐宋八大家中的苏东坡不但诗文俱佳，书法绘画也堪称一绝。他对美食方面的研究与喜好更是众所周知，他甚至写过如《菜羹赋》、《食猪肉诗》、《豆粥》、《鲸鱼行》以及著名的《老馋赋》等诗文，来反映他对饮食烹调的浓厚兴趣和品尝佳肴美味的丰富经验。

但在“乌台诗案”被贬黄州后，苏东坡一方面与佛法接触，另一方面又与质朴的农夫、渔民为友，以大自然为家，因此，他的心性有了很大的转变，对生命也有了更深刻的体悟。在饮食上，他先由不杀猪、羊等大型动物，进而连鸡、鸭、蟹、蛤等都在禁杀之列。

有人送他螃蟹、蛤蜊水产物，他也投还江中。虽明知蛤蜊无复活之可能，但也比放在锅里煎烹的好。他恨自己未能忘味，不能吃全素，只好“勉励”自己只吃“自死物”，不为口腹操刀杀生。在他的影响下，很多人也不吃肉了。

有许多名人也吃素，如达斯汀·霍夫曼、达·芬奇、爱因斯坦、史怀哲、美国全垒打王汉克·阿伦、前披头士团员保罗·麦卡特尼、爱迪生以及保罗·纽曼、麦当娜、林赛·华格纳、西方医学之父希派克·拉提斯……他们都是吃素一族。

素食的利益极大，不仅经济，而且营养价值也高，可以减少病痛。现在世界上，有国际素食会的组织，凡是喜欢素食的人都可以参加，可见素食是件好事。

素食者少有疑难杂症发生。现在医学尤其证明这一点，素食者少罹癌症，因为素食者较少酸性体质，所以不但有益健康，而且比较能养慈悲心。

《华严经》说："诸佛如来，以大悲心而为体故。因于众生，而起大悲。因于大悲，生菩提心。因菩提心，成等正觉。"大悲心乃是成佛之根本，也是行菩萨道的重要依凭，因有"悲"心，才能体解众生苦，进而拔苦予乐。

《周易》有言："乾曰大生，坤曰广生，天地之大德曰生。"天地因有好生之德，故能化育出万物。而生于天地之间的子民，也当效法天地之德，以慈悲心护念芸芸万物，进而赞天地之化育。

西方有一句话说："You are what you eat。"（你吃什么，你就是什么）——人会被食物的性质影响自己的性格。其实中国古代也有这种观点，《黄帝内经》中记载，吃肉的人的性格放纵、骄傲、刚烈，正好反映了吃肉对人性情的影响。

弘一法师说："其实学佛的人，应该这样，学佛后，先要了解佛教的道理，在家庭、在社会，依照佛理去做，使自己的德行好，心里清净。使家庭中的其他人觉得，你在没学佛以前贪心大，嗔心很重，缺乏责任心与慈爱心；学佛后一切都变了，贪心淡，嗔恚薄，对人慈爱，做事更负责。使人觉得学佛在家庭、社会上的好处，那时候你要素食，家里的人不但不会反对，反而会生起同情心，渐渐向你学习。如若刚一学佛就只学吃素，不学别的，一定会发生障碍，引起讥嫌。"

素食并非单纯是一种饮食习惯，而是一种哲学，一种生活态度，人生观念，代表了前卫的绿色思想，亦是回归传统的饮食方法。学佛者通过饮食修行，让自己身心合一，甚至与自然共融。

素食者容易快乐，真正的快乐并非欲望的满足，而是当自己内心平静、身心调和、欲求减少，内心会生起祥和美满之态。这种祥和美满的状态，正是持久快乐的源泉。

8.以无所求之心培养善心善行

弘一法师说:"真正学佛的人,只相信因果。如果过去及现在作有恶业,绝不能想趋吉避凶的方法可以避免。修善得善果,作恶将来避不了恶报,要得到善的果报,就得多做有功德的事情。佛弟子只知道多做善事,一切事情,合法合理地去做,绝不使用投机取巧的下劣作风。这几样都与佛教无关,佛弟子真的信仰佛教,应绝对避免这些低级的宗教行为。"

在弘一法师看来,如果带着目的去做善事,就是一种投机取巧的下劣作风。《金刚经》中记载,"真正的做善事,没有做善事的我,没有做善事的人,也没有做善事的东西。既然没有做善事者、接受者和做善事的东西,就不应该去衡量到底我这个善事做出去,能够得到多少好处。"

人们应该不含私心地帮助别人,把所有的一切都施舍出去。只有发自内心地、真诚地帮助别人,才更容易赢得他人的尊敬,也更容易获得意外的回报。

有一次,佛托着钵出来化缘,遇到两个小孩在路上玩沙子。他们看见佛,站起来非常恭敬地行礼,其中一个孩子抓起一把沙子放在佛的钵盂里,说:"我用这个供养你!"

佛说:"善哉! 善哉!"

另外一个孩子也抓起一把沙子放在佛的钵盂里。

佛就预言,若干年后,他们一个将是英明的帝王,另一个将是贤明的宰相。

果然,多年以后,一个孩子当了国王,就是历史上有名的阿育王;另一个就是他的宰相。

为何阿育王的一把沙子就得到了这么大的回报,而很多人向寺庙里捐金捐银，却什么好处也没见到？原因无他，皆因越有所求越得不到。

一个人在做善事时，不仅是"身"的行动，而是"心"和"意"一起行动，因此，它带来的是真正的快乐。慷慨和做善事将使一个人获得提升。一个慷慨的人，以慈悲心向那些需要帮助的人伸出援手，他就是在做善事。当一个人在做善事时，生起的慈悲和善心，足够控制自己的自私和贪婪。

生活中有很多帮助别人的机会，不要吝啬，也不要想着求得回报，用无私的心去帮助别人，或许在你困难的时候，你就会得到别人的帮助。

"人到无求品自高"。惟觉法师说："无所求是佛法中最高境界。初学佛之人一定是有所求的，求善法，求正法。要从因上去求，不要从果上去求，这不但不会遭致罪过，反而还有功德。虽有功德，最后仍要回归无所求。人是卑微渺小的，不论这一生名利权势有多高，最后都是黄土一抔。若人能心无所求，则心就能安定下来，身心也能得到清净与自在。"

六祖慧能辞别五祖后，开始向南奔去。过了两个半月，他到达大庾岭。后面却追来了数百人，欲夺其衣钵。有一名叫慧明的僧人，出家前曾是四品将军，性情粗暴，极力寻找六祖，他抢在众人面前，赶上了六祖。

六祖不得已，只好将衣钵放在石头上，说："这衣钵是传法的信物，怎么能凭武力来抢呢？"然后自己隐藏在草莽中。

慧明赶来拿，却无论如何也拿不动法衣。于是他大声喊道："行者，行者，我是为得到佛法而来，不是为这些法衣而来。"

六祖就从草间出来，盘坐在石头上。

慧明行礼后说："望行者能为我说说佛法。"

六祖说："既然你是为了佛法而来，那你就摈弃一切俗念，不要再有任何念头，我为你说法。"

慧明静坐了良久，六祖说："不思善，不思恶，正在这个时候，哪个是明上座的本来面目？"

慧明听了,顿然大悟。

佛要我们立于善恶的分别心之上,直接明白我们心灵的真实情况。以无所依、无所求之心培养善心善行,才是最好的生活状态。

正所谓"一念天堂,一念地狱;一念成妖,一念成佛"。人性中本就有光明与黑暗的两面。当妄念太过执著时,人便舍弃了光明的一面,而走向黑暗,其结果也必将是黑暗的。人生如过眼云烟,最终必是一切成空。为恶一生的所有益处都无法带走。只有以无所求之心培养善心善行,方能得到"极乐"的赠予。

古人说:"外无所求,内无所得。"指的就是这一念无求的心。念心本自具足,什么都不需要求,达到无所求,就能与道相应。

倡导善良,只是为了让我们用最小的成本来生活;以恶相报自然是恶恶相报,成本陡然增大。奉行善心善行,其实是减少人生的成本,让我们的生活都好过一些。只有发自内心地、真诚地帮助别人,才更容易赢得他人的尊敬,也更容易获得意外的回报。

9.菩萨慈悲,也有怒目金刚

弘一法师说:"为护佛门而舍身,大义所在,何可辞也?"

佛教中所说的"金刚",是佛菩萨的侍从力士,因手持金刚杵而得名。"菩萨"是努力于上求佛道、下化众生的人。而"怒目金刚"是形容人的威势、面目凶暴,以降伏诛灭恶人;"低眉菩萨"是形容人的面貌态度慈祥,以爱摄护他人。两者形相、作法虽有差异,但都是为了帮助别人而有的方便做法。

隋朝时，吏部侍郎薛道衡有一天到钟山开善寺参访。这时，正巧一位小沙弥从大殿向庭院走来，薛道衡突然动起了考考这位小沙弥的念头，于是趋前问他："金刚为何怒目？菩萨为何低眉？"小沙弥不假思索地回答道："金刚怒目，所以降服四魔；菩萨低眉，所以慈悲六道。"

"金刚怒目，所以降服四魔；菩萨低眉，所以慈悲六道"。无论是菩萨还是金刚，他们的行为都是本着一颗大爱之心，他们都是以拯救世人为己任。我们都知道，佛家戒杀生，但是金刚为维护世人，对于那些乱世妖魔，他们也会毫不留情，宁可自身堕入阿鼻地狱，也不愿世人受苦。这种"我不入地狱，谁入地狱"的慈悲情怀，非大智大勇者不能完成。

佛教中提倡众生平等，提倡人人皆可度化，但是面对那些冥顽不灵的人，佛祖也是不能容忍的。面对别人的错误，我们尽量地去劝说，去感化，去使他们改过自新。但是如果他始终怙恶不悛，那么我们也没有必要客气，该出手时就出手，对恶人慈悲，就是对好人残忍。任由那些作恶多端的人活在世上，只会让更多的人受苦；为挽救一个人而伤了众人，更是不值得的。

对于那些偶然犯下错误，并且有心改过的人，我们应该用宽大的胸怀去包容。只要我们能够循循善诱，就能够使他扫除孽障，重新做人。这样我们就可以多度化一人，而少造一份杀孽。

秦穆公是春秋时期秦国的君主。有一次，他的一匹爱马跑到了岐山脚下，结果被村民杀了吃掉了。官差知道后便把老百姓都抓了起来，准备严惩。秦穆公却说："一个真正的君子，绝不会为一匹马去杀人。"他不但原谅了那些村民，还送上酒给他们喝，说："吃好的马肉，必须喝上等的酒。"村民们都很感激他。

后来，晋国攻打秦国，秦穆公差点当了俘虏。危难之际，那些受过他恩惠的村民们自动组成敢死队，为秦穆公解了围。秦穆公失去一匹心爱的马，得到的却是人民的拥戴。

在生活中，对一些犯了无心之过的人，我们要原谅他们；而面对那些已经恶贯满盈的人，我们还是不能太过容忍，该出手降魔的时候，绝对不能心慈手软，否则必然会遗祸无穷。

做人一定要分清善恶，只把援助之手伸向善良的人。即使对那些恶人仁至义尽，他们的本性也不会改变。

一条被冻僵的蛇，蜷缩着身子躺在路旁，一动不动。这时，一个好心的农夫扛着一把锄头路过这里，无意中发现了这条快要冻死的蛇。

农夫看着奄奄一息的蛇，觉得它非常可怜。于是伸出双手拿起它。用手轻轻地抚摸着它的身体，将它送往自己温暖的怀里。打算用自己暖暖的身体来温暖它冰冷的身躯，使它苏醒过来。

蛇得到温暖以后，果然苏醒了。它渐渐睁开眼睛，缓慢地活动了一下僵硬的身躯。等到完全醒来以后，它就狠狠地咬了农夫一口，农夫忍着钻心的疼痛，悔恨地说："我救了你，你不但不感激我，反而狠心咬我，我不应该救那些本来就很坏的人。"

蛇立刻露出了它的本性，它说："你好事做到底吧，我就喜欢咬人，不咬人我就不舒服。"

这就是著名的《农夫与蛇》的故事。

慈悲不是一味地退却和忍让，在该忍让之时忍让，可以挽救更多的人，在不该忍让时忍让，则会让更多的人受苦。无论是普度众生，还是扫荡邪魔，最终的目的都是为了维护苍生的和平，为天下人的福祉着想。因此，对坏人坏事，绝对不能姑息忍让。

佛家普度众生，我们济世救民，其实都是一个道理。济世救民的方式不止一个，古人入朝为官，想要凭借一己之力，改变腐败的朝政，这是济世救民。然而当这个方法行不通的时候，另外的一些人就会起来反抗，推翻腐朽的政治，建立新的政体，这也是济世救民。在我们的人生道路上，不可以拘泥于一种形式，当我们的忍让已经到了极点的时候，就无须再继续忍让了，将恶人彻底打倒，才是最根本的解决办法。

第八课

自省:忏悔是净化心灵的力量

1.时常自省,才能扫却心中的尘埃

　　一个有道德良知、有菩萨心肠的人,应该时时反省忏悔,直至全人类都应该反省忏悔,是否因自私自利而伤害了众生。所以,弘一法师不断地、自觉地反省自己,反问自己:"我是一个禽兽吗? 好像不是,因为我还有一个人身。我的天良丧尽了吗? 好像还没有,因为我尚有一线天良,常常想念自己的过失。"弘一法师在《忏悔》一诗中说:"人非圣贤,其孰无过。犹如素衣,偶着尘浣。改过自新,若衣试尘。一念慈心,天下归仁。"这种反省与忏悔,就是时时清洗污染之心、执著之心、邪念之心,以彰显慈悲之心。

　　弘一法师一直都十分注重自我反省,在他的著作中,他曾这样写道:"到今年1937年,我在闽南居住已是十年了。回想我在闽南所做的事情,成功的却是很少很少,残缺破碎的居其大半,所以我常常自己反省,觉得自己的德行实在十分欠缺。因此近来我给自己起了一个名字,叫'二一老人'。什么叫'二一老人'呢?这有我自己的根据。记得古人有句诗:'一事无成人渐老。'清初吴梅村(伟业)临终的绝命词有:'一钱不值何消说。'这两句诗的开头都是'一'字,所以我用来做自己的名字,叫做'二一老人'。"

自省,简而言之就是自我反省,自我检查,以能"自知己短",从而弥补短处,纠正过失。金无足赤,人无完人。每个人都有自己的不足之处,通过反省克服心中的杂念,不断地提高自己,完善自己,这是对自己人生负责的态度。

难迦拉苦拉是一位贫穷的工人。有一天,一位比库看见他穿着破旧的衣服正在耕种,就问他是否愿意出家为比库。他答应了,就把犁和旧衣服挂在一棵离精舍不远的树上,然后出家为比库。

难迦拉苦拉出家后不久,就对比库的生活心生不满,想还俗。然而每次生起这个念头的时候,他就到那棵挂着梨和旧衣服的树下,并且谴责自己:"你还想穿上这老旧的衣服,再恢复工人的艰困生活啊!"如此自责之后,他对出家生活的不满就消失了。因此,每次当他有所不满的时候,他都去那里自我检讨。

其他比库问他为什么经常到那棵树下?他就告诉他们:"我去找我的老师。"后来,他证得阿拉汉果,就不再去那棵树下了。

比库们便略带讥讽地问他:"你现在怎么不再去找你的老师了呢?"

他回答说:"我以前去找老师,是因为有需要,但现在已经不需要了!"

比库们就去请教佛陀,想知道难迦拉苦拉是否说实话。佛陀告诉他们:"他说的是真话,由于自我责备,难迦拉苦拉事实上已经证得阿拉汉果了。"

《孟子》中讲道:"权,然后知轻重;度,然后知长短。物皆然,心为甚。"内心的反省对于道德的修养是非常重要的。孔子也曾经说过："吾日三省吾身也。"可见圣人之所以能成为圣人，和自我反省是有很大关系的。

当心中有了错误的想法，就应该及时地反省自己，检讨自己，防止在错误的道路上越走越远。每个人都有希望和理想，在通往成功的路上，有太多的事会干扰我们的身心。这就需要我们抽时间反省自己，只有排除干扰，甩掉思想包袱，才能轻装上阵。

明朝蕅益大师说："内不见有我，则我无能；外不见有人，则我无过；一味痴呆，深自惭愧！劣智慢心，痛自改革！"意思是说，如果一个人不知道自己有过失，那么这个人就没有自我修行的能力了；如果一个人看不到别人的过失，那么这个人就没有什么过错了。我们在修炼的时候，要像痴呆之人那样执著，要深深地进行自我反省，自我批评。不要怕自己智力劣钝，领悟能力差，只要在心中时常自我反思，自我修炼就行了。弘一法师只用一句话点破了这一点："反思使人进步。"

弘一法师认为，我们每个人都有过失，平时坏的习惯、习气太多，常常影响到我们的日常生活。因此，他劝解我们要多读圣贤书，多读经书。通过读书、读经来审视自己的行为，找出自己的毛病，改正这些缺点，帮助自己不断提升。

在每日的修行中，弘一法师也是这样做的。他不断解剖自己，只要发现自己的思想出现了偏颇，就立马进行纠正。所以，弘一法师常说："常常检点约束自己，是一个人必修的功课。"

让我们牢记弘一法师的这句"静坐常思己过"，通过不断地反省自己，让我们的人生更圆满。

2.忏悔,唤醒沉睡中的良知

弘一法师在《赠闽南会泉长老联语》中说："会心当处即是,泉水在山乃清。"以平常心随本性体悟,就是慈悲心;没有被尘垢污染之心,就是清净心。

秋去冬来,不知不觉又到了岁末。佛陀让弟子们在祇园精舍的庭园中竖起一根大铁柱。弟子们虽然不明白佛陀的用意,但还是照办了。

在新年的前夜,佛陀叫来阿难,请他先去沐浴,然后换上一件新袈裟。等阿难梳洗完,穿着新装再次来到佛陀面前时,佛陀慈爱地对阿难说:"阿难!我要请你帮我做一件很重要的事。"

阿难急忙问:"世尊,您要我为您做什么事?"

佛陀微微一笑,指着那根竖立在不远处的铁柱对他说:"你去敲一敲那根铁柱,一定要用力地敲、使劲地敲。"

阿难点头答应后,匆忙走到那根铁柱旁,他捡起地上一块坚硬的石头,对着那根铁柱先比划几下,随后用力一敲。

猛然间,那根铁柱发出极其响亮的声音,声音响彻整个舍卫国,就连地狱里的饿鬼和畜生道的畜生们也听见了。更奇怪的是,大家在听到这声音后,所有的痛苦和烦恼居然都消失了。这是连阿难怎么都想不到的事,事实上,连阿难自己也被这声音震撼了。

声音将在僧房中休息的比丘们都召唤出来了,他们汇聚到讲经堂。

佛陀对他们说:"众位弟子,明天就是新一年的开始,大家也都学习了一年的佛法。现在你们应该要反省一下自身,同样,我也是需要反省一下我自己。你们两人一组,各自向对方检讨自己的过失,并要对自己所犯的过失做出忏悔,使自己的身心清净,不染杂念。"

所有的弟子都遵从佛陀的吩咐,两人一组,认真地检讨自身,忏悔完后便重新回到自己的座位上。

这时候，佛陀慢慢地从自己的座位上站起来，开口说道："刚才你们大家都检讨了自身，并为自己的过失做了忏悔。我刚才说过，我也同样需要反省。"

佛陀停了一下，又再接着说："其实我没有做错过任何一件事，也没有任何过失，但是为了训诫你们，我也要做出反省，检讨自身。"紧接着，佛陀向大家做了忏悔，随后才又坐了下来。

弟子们一见佛陀没有任何过失，也检讨了自身，觉得自己反省得还不够，于是就都学着佛陀的样子，向在座的弟子们做了忏悔。

这一天，有一万个比丘感受到了佛义，消除一切杂念，另有八千比丘修成了阿罗汉。

有句话说得好："人非圣贤，孰能无过，过而能改，善莫大焉！"修行最重要的是忏悔改过。佛家认为，一个人不管是在前世还是今生，都会犯下种种过错。为了消除修道的障碍，每个学佛之人都要在佛菩萨前承认自己的错误。

忏悔对生活有现实的意义。承认自己的错误，知道偷盗、邪淫、杀生是罪恶，是对人生有害的，一心发愿改过。有的人通过忏悔，唤醒自己的良知，重新做人。

忏悔是一种勇气，是认识罪业的良心，是去恶向善的方法，是净化身心的力量。忏悔，不仅能流露出自己内心的歉疚和羞愧，更能展示生命的纯洁与无染。把尘埃与虚饰一同拂去，恢复一个"本真"的自己。

佛陀说："有罪当忏悔，忏悔则安乐。"我们只有先承认自己不是一个完美的人，我们的人生是一种有"缺陷"的人生，才能够真正地反思自己、反省自己，在日常生活里保持一颗警觉的心，改正自己的错误，不重蹈前辙，和那灰色的过去说"永别"。

人是很容易犯错误的，犯错误不是关键，关键在于我们能不能正视自己的错误，理性地分析自己的过错，并在内心的世界里，明白什么是对的，什么是应该做的。我们只有勇敢地承认错误，改正错误，才能够安安心心走在明天里，过着无悔的人生。

3.改过自新方为善

弘一法师很重视改过自新，对自我修养也有着深入的思考和总结，他曾为想改过自新的人指出了方法，将"改过自新"分解为"学、省、改"三个知行合一的步骤。

"学"即"知善恶"。须先多读佛书、儒书，详知善恶之区别及改过迁善之法。倘因佛儒诸书浩如烟海，无力遍读，而亦难于了解者，可以先读《格言联璧》一部。

"省"即"自省察"。既已学矣，须常常自己省察，所有一言一动，为善欤，为恶欤？若为恶者，即当痛改。除时时注意改过之外，又于每日临睡时，再将一日所行之事，详细思之。能每日写录日记，尤善。

"改"即"改过失"。省察以后，若知是过，即力改之。诸君应知改过之事，乃是十分光明磊落，足以表示伟大之人格。

子贡说："君子之过也，如日月之食焉；过也人皆见之，更也人皆仰之。"

从前，有一个负责地方钱粮征收的官吏，名叫赵玄坛。此人为人歹毒，每到一户人家，就要该户杀鸡给他吃，不然，就要多收钱粮，并拳脚相加，百姓对他是敢怒而不敢言。

一天，赵玄坛来到一户人家，要求杀鸡给他吃，可是该户人家只有一只母鸡和一窝小鸡，他认为母鸡无法吃，也只好作罢。

于是这户人家开始在小风炉里煮竹笋给他吃，正当竹笋下锅的时候，突然母鸡飞上风炉,将锅打翻,赵玄坛想吃笋也不成,母鸡也被火烧去了许多鸡毛。赵玄坛非常纳闷,风炉上生了火,母鸡敢冒着生命危险打翻锅子,此事一定有蹊跷,便问主家笋从何而来。主家带他来到挖笋的竹林,找到了出笋的地方,只见一条蕲蛇(本地最毒之蛇)盘在原处。他当即泪雨如飞,对天而跪,仰叹道:"天要亡我,又何救我!"原来,老天派出蕲蛇来咬竹笋,喷上毒液,欲置他于死地,可母鸡不计前嫌,大仁大义,奋不顾身,救了他一命。

从此以后,赵玄坛辞去了钱粮官一职,决心遁入空门,修心为善。他来到一个小庵,此庵原有一老和尚,非常清贫,对徒弟也非常严格,规定需七天才烧一次饭,七天只能吃一餐,赵玄坛就这样跟着师傅度过了二十一年,严守清规,替周围的村民做了不少好事。

一天早上,又到了做饭的日子,山中大雾弥漫,由于多日未生火,已无火种,只好出去借火种。来到方山岭村,由于多日未吃饭,村民看到赵玄坛师傅身体虚弱,给了他一团糯米饭,并借给了火种,让他回庵里去。但他首先想到老和尚已多日未吃,快要饿死了,就快步返回,当他在近庵处,忽然见一只老虎扑面而来。

人说向佛之人不怕虎,果然,赵玄坛平静地对老虎说:"畜生,汝若食我即张嘴,待将饭食与了师傅,自会钻入汝之大口。"虎摇头。赵玄坛又说:"畜生,汝若作我之坐骑即伏,待将饭食与了师傅,即来骑。"当即,虎伏下,点头。赵玄坛快速将糯米饭给了师傅,并生了火,来到老虎身边,骑上了老虎。顿时,雾气腾升,光芒四射,老虎腾空而起,升入天空,尔后,不见踪影。

其师傅来到门外,对着天空说:"阿弥陀佛!终于度你成佛了。"

"放下屠刀,立地成佛","苦海无边,回头是岸",这些佛教用语说明,一个人犯了错误,只要其真心悔改,仍然能成为好人。人非圣贤,孰能无过。有了过错就要以正确的态度对待,就像弘一法师指出的"过要细心检点"。

一个有道德的人,不怕公开承认自己的错误,因为他有公开改正自己错误的勇气。公开承认错误不仅不会降低他的威信,反而会让他赢得更多人的爱戴。我们在吸取古人改正过错的认识的同时,要经常反省自己,检点自己,有错即改。

一个人只要能认识到自己的错误,并有决心能改正过来,那么他心中还是有善的存在的。人不怕犯错,就怕有错不改。一个冥顽不灵,知错不改的人,永远受人们唾弃。一个知道改正自己错误的人,能减少内心的煎熬与烦恼,从而使内心平静,于身心都有益处。

4.常常失败常常悟

弘一法师说:"我的性情是很特别的,我只希望我的事情失败,因为事情失败才能使我常常发大惭愧!晓得自己的德行欠缺,自己的修善不足,我才可努力用功,改过迁善!"

弘一法师认为,一个人如果事情做得完满了,那么这个人就会洋洋得意,就会产生贡高我慢的念头,生出种种的过失来!所以,还是不去希望完满的好!

失败能让人发现自己的不足。失败一定是有原因的,一个人如果能静下心来,认识分析自己失败的原因,吸取教训,并找出弥补的方法,那么就会为他下一步的成功打下基础。

失败并不可怕,可怕的是被失败打倒。只有具备坚强的韧性,敢于挑战,敢于失败的人,才有资格成功。没有遭受失败并不是一件值得炫耀的事情,相反,那是一种悲哀。

科学家曾做过这样一个试验。他们将一只猎豹和一群山羊放在一个中间用铁丝网隔开的笼子里。最初,猎豹会不断地冲撞铁丝网,企图捕获网那边的山羊,而那张铁丝网却让猎豹的一次次冲击徒劳无功。

试验人员每天都会在猎豹的笼子里放些活鸡,因此猎豹不乏食物,但它还是想突破铁丝网捕食对面的山羊。每天吃饱之后,它就开始不断地冲撞铁丝网,企图凭着自己的力气,成功突围过去。慢慢地,猎豹将自己弄得遍体鳞伤,却始终无法冲破,为此,它沮丧不已。

在与那道铁丝网相持一段日子后,猎豹确信自己难以逾越那道障碍,便不再作徒劳的冲撞,而与山羊相安无事,好像对面的山羊其实只是它面前的一道美丽风景而已。

又过了一段时间,试验人员将铁丝网撤掉,而已被撞得头破血流的猎豹,对已经失去保护屏障的山羊毫无反应,每天依然在自己固定的区域游走,再也不愿越山羊那边半步。

有的人,在为成功打拼的路上,并不缺乏拼搏的热情,也不缺乏不畏挫折、坚持到底的恒心,然而在被失败打倒后,他们往往丧失了进取心,在失败与挫折面前低下了头,弯下了腰,最终也只能与失败为伍。民间谚语"一朝被蛇咬,十年怕井绳"说的就是这种人。

有位名人说过:"失败绝不会是致命的,除非你认输。"在失败面前一蹶不振,成为让失败一次性打垮的懦夫,此为无勇无智之辈;在遭受失败的打击后不知反省,不善于总结经验,任凭一腔热血猛冲猛撞,要么头破血流,要么事倍功半,即便成功,亦如昙花一现,此为有勇无智之人;在遭受失败的打击后,能够审时度势,调整自我,在时机与实力兼备的情况下再度出击,勇往直前,直达胜利,这才是智勇双全的成功之士。

威灵顿指挥的同盟大军在拿破仑面前一败再败。在一次大决战中,同盟军再次遭受惨重的失败。威灵顿杀出一条血路,率领小股军队冲破包围,逃到了一个山庄里。在那里,威灵顿疲惫不堪,想到今天的惨败,顿时悲从心来,想一死了之。

正当威灵顿愁容满面、痛恨不已时,他发现墙角有一只蜘蛛在结网。也许是因为丝线太柔嫩,刚刚拉到墙角一边的丝线,被风一吹就断了。蜘蛛又重新忙了起来,但新的网还是没有结成。

威灵顿望着这只失败的蜘蛛,不禁又想起自己的失败,更加唏嘘不已,心中多了几分悲凉。但蜘蛛并没有放弃,它又开始了第三次结网。威灵顿静静地看着,蜘蛛的这次努力依然以失败告终,但它丝毫没有放弃的意思,又开始了新的忙碌。它就这样来回忙碌着。

蜘蛛失败了六次后。威灵顿想:该放弃了吧?但出人意料的是,蜘蛛没有放弃,它仍旧在原处,不慌不忙地吐出丝,然后爬向另一头。第七次,蜘蛛网终于结成了!

威灵顿看到这一切,不禁潸然泪下,他被蜘蛛越挫越勇、永不放弃的精神深深地感动了。他朝蜘蛛深深地鞠了一躬,然而迅速地走了出去。

威灵顿走出了悲痛与失败的阴影。他奋勇而起,激励士气,迅速集结被冲垮的部队,终于在滑铁卢一战,大败拿破仑,取得了决定性的胜利。

困难最能锻炼人,失败最能清醒人。小败使人小醒,大败使人大醒;困难使人坚强,失败使人聪明。每一个人都是我们的导师,无论他是朋友还是敌人;每一种经历都是我们的收获,无论它是成功还是失败。失败使人探索,探索使人成功。

事前多思,事后少事。跌倒了只有快速爬起来向前追,才能不落后;失败了只有快速接受教训后再战,才能取得成功。只有勇于挑战高手,才能战胜高手;只有勇于挑战失败,才能战胜失败。成功的曙光,只有顽强的拼搏者才能看到。失败使强者走向辉煌,使弱者走向灭亡。若把失败当成了敌人,成功也永远成不了你的朋友。

牛顿说:"如果你问一个善于溜冰的人怎样获得成功, 他会告诉你说:'跌倒了再爬起来,这就是成功。'"

5.以品德去感召他人

弘一法师说:"唯具超方眼目,不被时流笼罩者,堪立千古品格。"作为一代宗师,弘一法师的一言一行都是人们学习的榜样,其独特的人格魅力影响深远。弘一法师追求真理、热爱祖国的执著精神,为了理想事业全身心投入的认真精神,重视修身和"士先器识而后文艺"的人品观、文艺观,以极高、极严的标准律己,用言行一致的身教示人的自律精神,谦逊质朴、不务虚名的处世态度,都是法师留给人们的宝贵精神财富,至今仍闪烁着真理的光辉,体现着哲人的力量。

一个人是否成功,除了要看他所取得的成就以外,还要看他的品德。很多时候,品德往往比成就更重要。品德优秀的人,即使没能取得巨大的成就,也值得人们敬仰;而取得巨大成就,但品德低劣的人同样会让人瞧不起。弘一法师是既取得了巨大成就又有着高尚品德的人。

弘一法师常常教诲学生,不仅要认真学习各学科文化知识,更要重视修身养性、砥砺品行。他说:"应使文艺以人传,不可人以文艺传。"弘一法师重视修身和人品,并以高尚的品德影响人、感染人。

弘一法师在檀林福林寺修行时,当地有一个叫杜培材的医生,非常仰慕他的才学,经常去寺里谒见法师,并请教一些宗教信仰、人生哲理的问题。

有一天,弘一法师让侍者给杜培材送去善信供养的西药、中药等十几种,拜托杜医生将这些药分给那些确实需要而又无钱购买的病人。当时交通中断,西药之类的进口物资很是缺乏,因此市场上价格非常昂贵。杜培材收到药之后,非常感动,他给弘一法师写了一封信,以表达自己的感动与惭愧之情。

杜培材在信中说:"现在社会,很多人都认为医生不过是靠自己的技术过生活的人,与其他职业没有什么分别,也谈不上什么'本我婆心,登彼寿域',更谈不上什么'济世为怀'。由于法师的这次馈赠,我希望良好会驱使我,将我既往的卑鄙,从前的罪恶,在尽可能的范围内改正过来,学习法师'慈念众生'的慈悲心,把真正'关怀民瘼'的精神培养起来。去实行法师去年赠给我的'不为自己求安乐,但愿众生得离苦'的德言。这样,我在精神方面的受惠,将超过物质方面万倍……"

弘一法师的高尚品德,激发了杜培材的良心,并感染了他,使他对人生的价值有了深刻的认识。弘一法师赠给杜培材一联做酬答:"安宁万邦,正需良药;人我一相,乃为大慈善。"

杜培材从此一改过去的作风,仁心仁术,声名远播。

当今社会经济发展迅速,但精神文明建设并未同步。人们生活在浮躁烦恼之中。弘一法师的高尚品德一旦为人们认同、效法,必当大有益处,将有助于社会主义精神文明建设。

人们提起弘一法师时,仍会油然生出一种肃然敬仰之情。对于一位文化名人,又或是得道高僧,人们敬佩他、景仰他,自然是各有各的视角,各有各的理由。但是,敬重弘一法师的高尚品德却是共识。他特立独行的形象至今仍然印在人们的心中,他的种种遗著至今仍然为人们珍视,他的处处遗迹至今仍然为人们瞻仰。

社会在进步,但遗憾的是,人们的道德水准和精神境界并没有随之得到应有的提高,有的领域甚至有所降低。在追求物质利益的过程中,有的人却违背市场经济竞争规则,坑蒙拐骗、倾轧欺诈等不法行为屡见不鲜,各式陷阱让人防不胜防;还有的人在掌握了这样或那样的权力后,就忘记了为人民服务的根本宗旨,以权谋私、假公济私,锒铛入狱者声名狼藉、遭人唾弃,仍行其道者利令智昏、迷途不返、前赴后继。我们要学习弘一法师那种高尚的品德,不仅要独善其身,更要感召别人。

第九课

喜悦:找到心中盛开的莲花

1.快乐不在于环境,在于心境

  弘一法师在谈自己的人生感悟时,多次提到"空灵"二字,他所说的"空灵"是指心境的清静平淡和身心的轻松快乐。只要心境清静平淡,不管处于什么环境中,都会倍感身心轻松快乐。弘一法师出家后,生活得很清苦,当饭菜太咸时,他说咸有咸的味道;当他住的小旅馆有臭虫,别人提出为他换一间时,他说只不过几只而已。在修行的过程中,他始终是自得其乐。

  我们虽然改变不了环境,但可以改变自己的心境;我们虽然改变不了别人,但可以改变自己。生活就是这样,你对它笑,它会对你笑;你对它哭,它会对你哭。

从前,有一位老奶奶,她有两个儿子,大儿子卖雨伞,小儿子开了家洗染店。

天一下雨,老奶奶就发愁地说:"哎!我小儿子洗的衣服到哪里晒呀!要是干不了,顾客就该找他麻烦了……"

而当天晴了,太阳出来时,老奶奶又发愁了:"哎!这大晴天,哪还有人来买大儿子的雨伞呀!"就这样,不管是晴天还是雨天,老奶奶总是愁眉不展,吃不下饭,睡不着觉。

邻居见她一天天消瘦下去,便跟她说:"老太太,你好福气呀!一到下雨天,您大儿子的雨伞就卖得特别好,而天一晴,您小儿子的店里就顾客盈门,真让人羡慕呀!"

老奶奶听后一想:对呀!我原来怎么就没想到呢?

从此以后,老奶奶不再发愁了,她吃得香,睡得甜,整天乐呵呵的,大家都说她好像变了一个人似的。

所以,人生快乐,在于一种心境。不管你是处在什么身份,什么境况,快乐与否,都在于一种心境!不管你是商人也好,百姓也罢,学生也好,打工也罢,如果失去了一种追逐快乐的心境,失去了一种生活的心境,那么即使得到的再多,即使成就的再高,与失去了灵魂的人又有何不同呢?

虽然影响一个人心情的因素有很多,但其中起到决定性作用的仍是人的心境。只有坚持以乐观积极的生活态度去看待问题,去挖掘事物美好的一面,才能让自己在各种恶劣环境中仍然保持着快乐的心情。

在现实世界中,任何事情都有其两面性,有进就有退,有阴影就有阳光。如果我们总是背着烦恼的"包袱"去面对生活,带着厌世的"镣铐"去表演人生,那么我们不可能把自己的人生之剧表演得精彩绝伦,结局也肯定不会美好。但如果我们以乐观豁达的态度去看待自己的生活,去对待身边的每一件事,善待每一个人,去发现一切的美好,那么我们将拥有一个健康快乐的人生。

一位哲人单身时，和几个朋友同住在一间只有七八平方米的小房子里。他平时总是乐呵呵的，因此就有人问他："那么多人挤在一起，有什么可高兴的？"

哲人说："朋友们住在一起，随时可以交流思想、交流感情，这难道不是一件值得高兴的事情吗？"

过了一段时间，朋友们都成了家，先后搬了出去，屋内只剩下他一个人，但他每天仍非常快乐。又有人问他："你一个人孤孤单单的，有什么好高兴的？"

他说："我有很多书啊。每一本书都是一位老师，和这些老师在一起，可以随时请教，这怎么能不令人高兴呢？"

几年后，这位哲人成了家，搬进了大楼，他住在一楼，每天依旧一副其乐融融的样子。有人便问："你住这样的房子还能快乐吗？"

哲人说："一楼多好啊！进门就是家，搬东西很方便，朋友来访很方便……特别让我满意的是，可以在空地上养花、种草。这些乐趣真好呀！"

又过了一年，这位哲人把一楼让给一位家里有偏瘫老人的朋友，自己搬到楼房的最高层，而他仍是快快乐乐的。朋友问他："先生，住顶楼有哪些好处？"

他说："好处多着呢！每天上下楼几次，有利于身体健康；看书、写文章光线好；没有人在头顶上干扰，白天黑夜都安静。"

正如柏拉图所说："决定一个人心情的，不在于环境，而在于心境。"心境好了，便会产生"情人眼里出西施"之妙，把一树看作一菩提，把一花看作一天堂，把一沙看作一世界，把一水看作一汪洋。这时，环境早已经不重要了。

民间流传着这样一句话，"人生在世，高薪不如高位，高位不如高寿，高寿不如高兴"。既然我们改变不了环境,那么就去改变自己的心境。人生的快乐,在于一种心境。

有一句话说得好:"即使是在灰色的背景下,我们也要有艳阳花的微笑,野草的生活态度。"时刻留一份好心情给自己,只要用心去找快乐,快乐便会如风般跟着你,幸福也会如影般与你相随。

顺境可以让人成功,但也容易让人堕落;逆境可以让人沮丧,但也能激人奋进。其关键在于心而不在于境。让心境和环境相适应,让环境做土壤,让心境作种子,自然会开出美丽的心情之花。不论在怎样的环境之中,只要保持一个积极乐观的心境,就会获得充实而轻松的心情。

2.以欢喜心想欢喜事

在弘一法师眼里,世间竟没有不好的东西。小旅馆好,统仓好,破旧的席子好,白菜好,萝卜好,咸苦的菜好,走路好。什么都好,什么都有味,什么都了不起。

弘一法师吃萝卜、白菜时,那种喜悦的光景,想来萝卜、白菜的全滋味、真滋味,怕要算他才能如实尝得的了。在他看来,世间一切的事,一切的物,不要为成见所束缚,都要还给它一个本来面目,如实观照领略,才是真解脱,真享乐。

星云法师说:"聪明的人,凡事都往好处想,以欢喜的心想欢喜的事,自然成就欢喜的人生;愚痴的人,凡事都朝坏处想,越想越苦,终成烦恼的人生。世间事都在自己的一念之间。我们的想法可以想出天堂,也可以想出地狱。"

141

美国有一个叫米契尔的青年,在一次偶然的车祸中,他全身三分之二的面积被烧伤,面目变形,手脚变成了肉球。面对镜子中难以辨认的自己,他痛苦迷茫。就在他想要一死了之的那一刻,他想到某位哲人曾经说的话:"相信你能,你就能! 问题不是发生了什么,而是你如何面对它!"

他很快从痛苦中解脱出来,几经努力、奋斗,变成了一个成功的百万富翁。

有一天,他突然想去开飞机,然而天有不测风云,他在助手的陪同下升上天空后,飞机突然发生故障,摔了下来。

当人们找到米契尔时,发现他脊椎骨粉碎性骨折,即将面临终身瘫痪的现实。家人、朋友悲伤至极,他却说:"我无法逃避现实,就必须乐观接受现实,这其中肯定隐藏着好的事情。我身体不能行动,但我的大脑是健全的,我还是可以帮助别人的。"

他用自己的智慧,用自己的幽默去讲述能鼓励病友战胜疾病的故事。他走到哪里,笑声就荡漾在哪里。

一天,一位护士学院毕业的金发女郎来护理他,他一眼就断定这是他的梦中情人,他把他的想法告诉了家人和朋友,大家都劝他说:"这是不可能的,万一人家拒绝你多难堪。"

他说:"不,你们错了,万一成功了怎么办? 万一答应了怎么办?"

多么好的思维,多么好的心态! 他勇敢地向她约会、求爱。两年之后,这位金发女郎嫁给了他。

米契尔经过自己不懈的努力,成为美国坐在轮椅上的国会议员,成为美国人心中的英雄。

凡事都往好处想,就可以准确地找到生活的角度,展示生命的风采。生命的过程中,有轰轰烈烈的伟大,有朴实无华的平凡,有义无反顾的执著,也有大起大落的悲壮。凡事都往好处想,就能乐观地对待挫折和压力。生活本来就是这样,有挫折,有艰辛,有苦恼,有困惑,我们必定会遭受挫折,但美好的心态让我们平静,让我们豁达,让我们自信。

有一句话说得好："快乐的最好方法就是多看看比你还不幸的人。"悲观的失败者视困难为陷阱，乐观的成功者视困难为机遇，结果，他们过着有两种截然相反的人生。生活不缺少美，而是缺少发现。凡事多往好处想，就会看到希望，有了希望才能增添我们生活的勇气和力量。

不抱怨命运对自己不公，学会平静地接受现实，学会对自己说声顺其自然，学会坦然地面对厄运，学会积极地看待人生，学会凡事都往好处想。让阳光照进心里来，驱走恐惧，驱走黑暗，驱走所有的阴霾。在逆境中找快乐、希望与机会。

圣诞节前夕，甘布士欲前往纽约。妻子在为他订票时，车票已经卖光了。但售票员说，只有万分之一的机会可能会有人临时退票。甘布士听到这一情况，马上开始收拾出差要用的行李。

妻子不解地问："既然已经没有车票了，你还收拾行李干什么？"

他说："我去碰一碰运气，如果没有人退票，就等于我拎着行李去车站散步而已。"等到开车前三分钟，终于有一位女士因孩子生病退票，甘布士因此登上了前往纽约的火车。

在纽约，他给太太打了个电话，他说："我甘布士会成功，就因为我是个抓住了万分之一机会的笨蛋，因为我凡事总往好处着想。别人以为我是傻瓜，其实这正是我与别人不同的地方。"

凡事都往好处想的人，有一个积极的健康的心态，对他们来说，生活永远是"山重水复疑无路，柳暗花明又一村"。这样的人主动出击，不悲观，不观望，主动寻找机会，取得成功。

凡事都往好处想的人，有一颗感恩的心。感谢压力，让他爆发出无限潜力；感谢逆境，让他奋起前进；感谢折磨，让他更坚强……

凡事多往好处想，我们就会看到"青草池边处处花"、"百鸟枝头唱春山"，而不是"黄梅时节家家雨"、"风过芭蕉雨滴残"。

凡事都往好处想,就可以成为一个大度潇洒的人,一个善解人意的人,一个宽厚豁达的人,一个自信快乐的人,一个懂得爱护自己、尊重别人的人,不管坎坷人生有多少风浪,都会成为一个欣赏四季风景的人。

3.恬静的心态才会开出莲花

弘一法师说:"寡欲故静,有主则虚。"意思是说,不为外物所动之谓静,不为外物所实之谓虚。清心寡欲,保持内心平静,自己有主见,才能虚心求教。弘一法师说"寡欲故静",寡欲者大都淡泊名利,注重内心的修养而不为外物所累,因而能够在红尘中做到"恬静"。欲望是人们一切活动的根源,当我们有欲望的时候,我们就会为了满足欲望而蠢蠢欲动,这样内心就不会"恬静"。

恬静,是内心清静而无杂念,保持思绪宁静、神气清灵是修行的重要途径。外在的东西只能满足我们一时的虚荣,却耗费了我们大量精力,追求这些东西是非常不值得的。如果你一味地去追求,那你就被贪婪的枷锁牢牢锁住了。

弘一法师是一位清心寡欲、淡泊名利的人,他的内心一片恬静,很少有世俗的杂念。他以自己崇高而又善良的思想去看待这个世界,外面的世界很难影响到他的思想。他博大的胸怀能容天下万物,而思想又不被其左右。所以,弘一法师才能潜心钻研佛法中最难的律宗,并成为一代宗师。

修行需要一个恬静的心态,只有我们内心安静,不为外物干扰,才会将精力投身于其中,才能真正得到修行的法门。内心清静的人不为外物所动,一个修行的人,只有保持恬静的心态,才能有所成就。

第九课
喜悦：找到心中盛开的莲花

一个年轻人向拉比请教修行的法门,拉比对他说:"你去钓鱼吧,钓鱼可以使你心静下来,等你钓上来鱼的时候,我就告诉你修行的法门。"

年轻人兴冲冲地跑到河边钓鱼。起初,年轻人还可以耐心地等待鱼儿上钩,但是过了很久,他仍然一条鱼都没有钓到。后来他实在是等不下去了,就换了一个地点继续钓鱼,然而还是没有钓上鱼来。这个时候,天下雨了,年轻人匆匆忙忙地跑到一个凉亭下躲雨。过了一会,雨停了,年轻人发现雨后的山上,景色迷人,于是他便信步游荡于山间。眼看太阳西下,年轻人才惊觉自己没有钓上鱼来。

回去之后,拉比问年轻人有没有钓上鱼来,年轻人惭愧地说:"没有。"

拉比说:"你心中挂念的事情很多, 起初你钓鱼是为了让我告诉你修行的法门,然而你缺乏耐心,因此不停地更换地点。当下雨的时候,你立刻就躲了起来,这说明你没有意志。雨停之后,你发现了比钓鱼更好的事情,因此你彻底忘掉了修行的事情,去欣赏山中美景。这说明,你自己并不知道自己想要什么,修行也不是你想要的,你下山去吧。"

人在恬静的状态下,就会冷静地正视自己,明智地发现自己的不足;就会谦逊好学,不做"聪明人";就会严格要求自己,能够经常从工作和生活中获得快乐。人一旦内心一不恬静,就容易烦躁。而人在烦躁的状态下,就会昏暗地看待自己,甚至过分地恃才自傲,就会不思上进、胡乱攀比,就会以聪明人自居,常常是和自己或者和别人过不去。

恬静的心态还在于不以抱怨之心来生活, 不以贪婪之心来苛求身外之物。人的物质欲望是无穷的,人的生命又是有限的。一个人要是贪占天下所有的东西,灾难就要来了。古人说:"以德遗后者昌,以财遗后者亡。"一个人要顺其自然地,平淡地看待物质的享受,得之无喜色,失之无悔色。一个平淡地对待自己生活的人,可能会在生活中得到意外的惊喜。

如果一个人内心不恬静,遇到一言不合,马上就会勃然大怒,心里总不平衡,人生就会痛苦万分,就会烦恼不尽。所以,保持恬静的心态能够使人快乐和幸福。

古人说："把心静下来，什么也不去想，就没有烦恼了。"心性如水，如若水里没有任何杂质，就能长久洁净；如若水中放入酸甜苦辣，水就会很快变质。人的思想亦是如此，想法越多越复杂，心灵就容易浑浊。而淡然于现实、坦然于苦乐，活得恬静优雅的人，心灵就能保持洁净。当你抱怨世界污浊，生活灰暗时，其实是你的心灵之水变脏了。

恐惧不会产生智慧，只有恬静的心境才会盛开智慧的莲花。私欲使人患得患失，使人身不由己。保持一个恬静的心态，睡梦也安静香甜。

恬静是一种智慧，是对自己思想的升华。在纷纷扰扰的世事当中，能拥有一份恬静的心态，正是对自己灵魂的一种安慰，也是对自己命运的一种负责。恬静是一种专注，是对自己生命的尊敬。在大众浮躁心态流行的时候，保持一颗恬静的心，拥有一份恬静的心态，就能够安心地学习、工作与生活，何乐而不为。恬静还是一种深情，是对自己生活的热爱。恬静更是一种自然，一种豁达，是对自己人生的信任。拥有一颗恬静的心，你就能超越一切，乐观处事，完成对自己心灵的洗礼。

4.笑容总在杂念顿起时消失

一个人一旦心中有欲望，就会产生贪念。所求越多，所贪越多，心中的杂念也就越多。人若在欲望中迷失，就会生出许多烦恼，快乐就会离他远去，而笑容将从此与他告别。

弘一法师心中没有世俗欲望，也没有私心杂念。他的一生不求名，不求利。别人赞扬他，他不接受；别人供养的钱财，他也不贪占一毫。他一生没有剃度弟子，而全国僧众多钦服他的教化。他一生也不曾担任寺中住持、监院等职，而全国寺院多蒙其护法。弘一法师没有私欲，尽力布施，爱惜一切，心自空明，得到人们的信任与尊敬。由于弘一法师没有私心杂念，能放下一切，所以就少了很多烦恼。

人之所以不快乐，就是因为心中有太多的杂念。一个人能达到心静的境界，就不会迷茫，很多人做不到，是因为世上有太多的诱惑和烦琐。虽然不可能完全抛开世间的一切，但是也要尽力做到不被外界环境所干扰。

一日，一位受人尊敬的拉比正在院子里锄草，迎面走过来三位信徒，向他施礼，说道："都说佛教能够解除人生的痛苦，但我们信佛多年，却并不觉得快乐，这是怎么回事呢？"

拉比放下了锄头，安详地看着他们说："想快乐并不难，首先要弄明白为什么活着。"

三位信徒你看看我，我看看你，都没料到拉比会提出这样的问题。

过了片刻，甲说："人总不能死吧！死亡太可怕了，所以人要活着。"

乙说："我现在拼命地劳动，就是为了老的时候能够享受到粮食满仓、子孙满堂的生活。"

丙说："我可没你那么高的奢望。我必须活着，否则一家老小靠谁养活呢？"

拉比笑着说："怪不得你们得不到快乐，你们想到的只是死亡、年老、被迫劳动，不是理想、信念和责任。没有理想、信念和责任的生活当然不会觉得快乐。"

信徒们不以为然地说："理想、信念和责任，说说倒是很容易，但总不能当饭吃吧！"

拉比说："那你们说，有了什么才能快乐呢？"

甲说："有了权力，就有一切，就能快乐。"

乙说："爱情吧，有了爱情，才有快乐。"

丙说："是金钱，有了金钱，就能快乐。"

拉比说："那我提个问题。为什么有人有了权力却很烦恼，有了爱情却很

147

痛苦,有了金钱却很忧虑呢?"

信徒们无言以对。

拉比说:"理想、信念和责任并不空洞,体现在每时每刻的生活中。必须改变生活的观念、态度,生活才能有所变化。名誉要服务于大众,才有快乐;爱情要奉献于他人,才有意义;金钱要布施于穷人,才有价值,这种生活才是真正快乐的生活。"

人生本来就有许多忧愁烦恼,如果杂念太多,等于给自己又加上了一些额外的精神负担,就会累得自己一生都直不腰来。只有把强加在自己身上的负担卸下来,才能找到真正的快乐和心灵的归宿。

人们很难做到一心一用,他们在利害得失中穿梭,囿于浮华、宠辱,产生了种种思量和千般妄想。一个人只有心无杂念,将功名利禄看穿,将胜负成败看透,将毁誉得失看破,才能在任何场合放松自然,保持最佳的心理状态,充分发挥自己的水平,施展自己的才学,从中实现完满的"自我"。

在尘世中生活,我们总是要面对很多的诱惑,这些诱惑羁绊了我们的一生,名与利是这些诱惑中最可怕的两种。一个人若是痴缠于名利,那么名利就会占据他生活的全部,当这种想法被无限制放大之后,他将无法感知生活乐趣。名利还有一点最可怕,那就是他一旦进入人的内心就无法满足,即使我们能够求得名利,依然也难以体验到生活的快乐。因为我们的名利之心还在作祟,它鼓动我们再去争取更多更大的名利。

生活是自己的,它是痛苦还是快乐全由自己决定。当我们能够看破名利,心中无所牵绊的时候,任何一种生活对于我们来说都是幸福的。

庄子说:"至人无己,神人无功,圣人无名。"高人忘却自我,神人忘却功业,圣人忘却名利。一个人若是不能抛弃名利之心,那么必然难以静下心来修身养性,自然也就不能达到圣人的境界。我们凡人不求达到圣人的境界,只求能够心安,能够摆脱名利的桎梏,超脱生活的痛苦,寻找生活的快乐。

5.永远保有天真之心

　　人的心智在改变，我们周遭的环境也一直在改变，而外在环境的变化会直接影响到人们心智的变化。在外在环境如此的影响力中，必须保持心灵的纯净，以达到心境的和谐。只有保持心灵的纯净，才能保有天真之心。

　　有一天，百丈怀海禅师陪马祖道一散步，路上听到野鸭的叫声，马祖问："是什么声音？"

　　怀海答："野鸭的叫声。"

　　过了好久，马祖又问："刚才的声音哪里去了？"

　　怀海答："飞过去了。"

　　马祖回过头来，用力拧着怀海的鼻子，怀海痛得大叫起来。

　　马祖道："再说飞过去！"

　　怀海一听，立即醒悟，却回到侍者宿舍里痛哭起来。

　　同舍问："你想父母了吗？"

　　答："不是。"

　　又问："被人家骂了吗？"

　　"也不是。"

　　"那你哭什么？"

　　怀海说："我的鼻子被马祖大师拧痛了，痛得不行。"

　　同舍问："有什么机缘不契合吗？"

　　怀海说："你去问他去吧。"

　　同舍就去问马祖大师："怀海侍者有什么机缘不契合？他在宿舍里哭。请大师对我说说。"

　　大师说："他已经悟了，你自己去问他。"

他回到宿舍后,说:"大师说你悟了,叫我来问你。"

怀海呵呵大笑。

同舍问:"刚才哭,现在为什么却笑?"

怀海说:"刚才哭,现在笑。"

同舍更迷惑不解。于是怀海做了这样一首诗:

灵光独耀,迥脱根尘。

体露真常,不拘文字。

心性无染,本身圆成。

但离妄缘,即如如佛。

意思是说,灵光独自闪耀,就可以脱离尘世的牵累;本性显露、真理永恒,无须拘泥于语言文字;心性清净,没有污染,本来就已圆满完成。所以只要远离虚妄尘缘,就可以觉悟。

心地纯净,没有污染,悠然地活在平凡的人间,并体悟到常人不能体悟到的美丽,纵然流泪和欢笑,亦是抒发对生命的感动。

当心灵渐趋纯净,那颗纯净心灵外显的行为是良善、道德的。它使自己及他人受益,这就是所谓的戒。它让自己以及他人快乐,它为自己也为他人带来幸福、安详与和谐。如果我们保有天真之心,不仅仅感到快乐,幸福也会到来。相反,当心变得不纯净,心将为不净烦恼所苦。

心的不纯净,只会因它的不善行为而导致不快乐,它是造成自己及他人悲伤痛苦的原因。不仅我们自己受到痛苦的煎熬,也将我们的痛苦散布给他人。一颗不纯净心的行为,只会制造出苦难、悲伤和极度的苦恼。

然而由于外在物质环境对心性的污染,使得人的内心充满了对物质的欲望,以及因之而起的不安、焦虑等负面情绪,人的内心不再宁静,也无法达到和谐的效果,而这一切都是因物质过度发展的结果。所以我们必须要能够修正这样的污染,使我们内心纯净,就像莲花,生长在污泥中却不受污染。

当心灵纯净时,自然不会有不善的行为,自然不会对任何人造成伤害,也不会替自己或替他人带来任何悲伤。纯净的心本身充满了安详、满足，也能为他人带来安详、满足。纯净心灵的本质，是普遍性的。内心纯净，保有天真之心，生活将会改变，变得宁静祥和、内心安适。

6.心中有佛，处处是佛

弘一法师无时无刻不在呼吁世人，要把善良、慈悲放在心间，所谓"心中有佛，处处是佛"。世间的万事万物，都值得我们去怜悯。法师是个非常谦虚的人。"看一切人皆是菩萨，唯我一人实是凡夫。"因为弘一法师心中有佛，所以看到一切皆是佛。

一个人干不干净，不是看他的外表是否光鲜，而在于他的内心是否纯净。在心灵纯净的人眼中，整个世界都是纯净的；而在心理阴暗的人眼中，全世界都是肮脏的。

生命的宽度取决于心灵的亮度。心胸狭窄的人，连自己都装不下；心胸敞亮的人则可以放得下整个世界。生活的质量取决于人生的态度，心中有阳光，生活便处处都灿烂；心中有爱，生活便处处有温暖；心中有善，生活便处处是善；心中有佛，生活便处处是佛。

一日，佛印禅师教苏东坡坐禅。身着大袍，坐在佛印禅师对面的苏东坡脑子一转，忽然问："和尚，你看我坐着像个什么？"

"像尊佛！"佛印禅师不假思索地答道。苏东坡听罢，如食甘饴，心里甜蜜蜜的。

这时佛印禅师又反问："你看我像什么？"

苏东坡见佛印禅师头戴黑色的禅帽，身披黑色的袈裟，婆娑于地，心想

"复仇"的机会到了。于是,他半眯着眼睛连讥带讽地答道:"像一堆牛粪。"

苏东坡答完,暗暗地偷窥佛印禅师,看他会有什么反应。然而出乎他意料的是,佛印禅师依然眼观鼻、鼻观心地默默端坐着。苏东坡顿时飘飘然,归来后便眉飞色舞地把自己的"收获"告知其妹,准备再收获些溢美之词。

苏小妹咯咯地笑了起来,说:"哥哥,你以为你讨巧了?"不等苏东坡言语,她又接着说道:"万法唯心,心外无法。哥哥!师父心里想的是佛,所以他看你像佛,哥哥你心里想的是牛粪,所以你看师父像牛粪。"

经苏小妹一指出,苏东坡恍然大悟,惭愧不已。

心中有佛,就是心中有善念。而善念就是悲天悯人,就是推己及人,就是众生平等,就是造福大众。心中有佛就是心中有他人。爱己之心、自私之心人人都有,关键是如何去克制。孔子说:"己所不欲,勿施于人。"要与他人和谐相处,就要为人真诚,待人友善。

一位少年去拜访一位禅师。他问禅师:"我怎样才能成为一个自己快乐,也能带给别人快乐的人?"

禅师说:"送你四句话:'把自己当别人,把别人当自己,把别人当别人,把自己当自己。'"

禅师所说的就是"心中有佛,处处有佛"。

善良是一种难得的品质,是人性中的至纯至美,一切伪善、奸笑、冷酷、麻木在它面前都会退避三舍,任何顽固的丑恶都只能在阴暗的角落里对善良咬牙切齿。一个真正成佛的人,不是无情的人,相反,却是用情最深的人,这种情就是大慈大悲的济世之情。

一位令人尊敬的拉比去世了,他所有的信徒都渴望得到他的一件遗物,留作纪念,其中一个信徒看上了一柄精美的烟斗。

"这要花你一百个卢比。"拉比的妻子告诉他。

"对我来说这是一大笔钱。"信徒有些犹豫地说,"但是,请先给我看看,然后再决定。"于是,拉比的妻子把烟斗给他,他装上烟丝,然后点燃了它。

你能想象发生了什么吗?他刚吸完第一口不久,就仿佛看到了天堂的七重门全为他打开,里边有迷人的风景。信徒赶快用激动的双手数了一百个卢比,然后兴冲冲地带着烟斗回家了。

到家之后,他再一次点燃烟斗,并狠狠地吸了一大口。你能想象又发生了什么吗?这一次,信徒什么都没有看到!气昏了头的信徒怒气冲冲地去找新任的拉比,告诉了他整个故事,想要讨个公道。

"我的孩子,"新任拉比微笑着说,"事情很简单,当烟斗仍属于拉比时,你吸烟时就能看到他所看到的。但它一旦变成你的烟斗时,就成了一只普通的烟斗,那你只能看到你的平常所见了。"

高尚的人心中都是高尚的愿望,卑劣的人心中尽是肮脏的想法。世界并没有不同,所不一样的是人的心。只要我们真诚地去对待他人,用一颗善良的心去看待世界,温暖会环绕在我们身边。

一位哲学家有一次问他的学生们:"人生在世上,最需要的是哪一件事?"

学生的答案五花八门,但是有一位学生说:"一颗善良的心!"

"正是。"那位哲学家说,"你的善良二字,包括了别人所说的一切。因为有着善心的人,对于自己,则能自给自足,能去做一切与自己适宜的事;对于他人,他则是一个良好的伴侣,可亲的朋友。"

用善良的心对待别人,你获得的也将是善良。每个人都应该怀有一颗仁慈的心,对别人仁慈,对自己仁慈。爱自己也爱别人,心中便有无穷财富,你的灵魂会变得高尚而纯洁;毁别人也毁自己,你的灵魂就会欠下累累债务。所以,让我们熔炼刀斧,化为锄犁,耕耘爱心,播洒雨露。

人不会永远年轻,来也匆匆,去也匆匆。在这短短几十年的人世间,你更应该抓住每一个时机,把爱装在心中,播洒给更多的人。

第十课

惜福:十分福气,享受三分

1.纵有福气,也要加以爱惜

弘一法师说:"惜是爱惜,福是福气。我们纵使有福气,也要加以爱惜。佛法的末法时代,人的福气是很薄的,若不爱惜,将这很薄的福享尽了,就要受莫大的痛苦。我们即使有十分的福气,也只好享受三分,所余可以留到以后去享受。诸位要是能发善心,愿以自己的福气,布施一切众生,共同享受,就更好了。"

弘一法师是位惜福之人,因为从小受到家庭教育的熏陶,他对一切事物都很珍惜。他说:"我因为有这样的家庭教育,深深地印在脑里,后来年纪大了,也没一时不爱惜衣食;就是出家以后,一直到现在,也还保守着这样的习惯。诸位请看我脚上穿的一双黄鞋子,还是1920年在杭州的时候,一位打念佛七的出家人送给我的。若诸位有空,可以到我房间里来看看,我的棉被面子,还是出家以前所用的;又有一把洋伞,也是1911年买的。这些东西,即使有破烂的地方,请人用针线缝缝,仍旧同新的一样了。简直可尽我形寿受用着哩!不过,我所穿的小衫裤和罗汉草鞋一类的东西,却须五六年一换。除此以外,一切衣物,大都是在家时候或是初出家时候制的。"

弘一法师认为自己福薄,好的东西没有胆量受用。别人送给他好的衣服和珍贵之物,他大半都转送别人。对吃的东西,他更是没有什么要求,只是在生病时会吃一些好的。

古时候,雪峰禅师和钦山禅师一起在溪边洗脚,钦山见水中漂有菜叶,很是欢喜地说:"这山中一定有道人,我们可以沿着溪流去寻访。"

雪峰回答他:"你眼光太差,以后如何辨人?他如此不惜福,为什么要居山!"

入山后果然没有名僧。

印光法师是弘一法师的师父,印光法师提倡惜福。弘一法师说:"惜福并不是我一个人的主张,就是净土宗大德印光老法师也是这样,有人送他白木耳等补品,他自己总不愿意吃,转送到观宗寺去供养谛闲法师。别人问他:'法师,您为什么不吃好的补品?'他说:'我福气很薄,不堪消受。'"

弘一法师讲过这样一个故事。

印光法师是性情刚直的人,平常对人只问理之当不当,情面是从来不顾的。前几年有一位皈依弟子,是鼓浪屿有名的居士,他去看望印光老法师,与其一道吃饭。

这位居士先吃好,印光老法师见他碗里剩落了一两粒米饭,于是就很不客气地大声呵斥道:"你有多大福气,可以这样随便糟蹋饭粒?你得把它吃光!"

有人认为,人生在世,应当好好享受,必须拥有豪宅名车、高档电器等,如果没有这些物质享受,人生还有什么意义!此言差矣,首先我们应当辨别哪些是生活所需,哪些又与生活毫无关系。身为欲界人类,虽然不能缺少衣、食、住、行,但是普通的饮食、衣服,就足以保证生存,身高不到两米,也用不了多大的空间。

所以弘一法师说:"末法时代,人的福气是很微薄的,切不可把它浪费。就是我们纵有福气,也要加以爱惜,若不爱惜,将这很薄的福享尽了,就要受莫大的痛苦,即古人所说的'乐极生悲'。"

明朝有两个太学生,不仅同年、同月、同日出生,而且同年发解,同日授官,一个出任黄州教授,另一个出任鄂州教授。

后来黄州教授死了,鄂州教授听到消息后,心想自己的大限也应该到了,就赶紧写好遗嘱,吩咐后事。谁知过了好几天,都没有出事,他感到不解,就动身到黄州去吊唁老友。他对着黄州教授的灵位说:"我跟您同年同月同日出生,一生的命运也完全相同,您现在已经走了,而我至今仍安然无恙,这是什么原因呢?命运到底是怎么一回事?您如果泉下有知,就请托梦告诉我吧。"

那天夜里,鄂州教授果然梦见了黄州教授,黄州教授说:"我出生在富贵的家庭里,享用过于奢侈,命中固有的福禄已经享完了,所以寿命短促。而你出身贫寒,平日省吃俭用,细水长流,命中的福禄还没有享尽,所以长寿。"

鄂州教授恍然大悟,从此以后更加刻苦自励,丝毫不敢贪图安逸和享乐,后来做到郡守。

只有惜福的人能习于劳动,持守戒律,自我尊重。因此,惜福是佛徒的第一件事,不能惜福则不能言及其他。现实生活中的很多人也是这样,我们什么时候见过一个耽溺酒色、纵情纵欲的人能够活得健康而长寿的。惜福不是少福,而是惜福得福,这就是为什么平淡之人能常享高寿的原因了。

如果人把一切精力都用于追求生活享受,把它当成生命的意义,那么人和动物又有什么分别?人若不能控制自己的欲望,不懂得珍惜福气,就无法集中精力做事情,这样活着不过是在浪费生命而已。人不但自己要懂得惜福,还要教育子女惜福,为子女而惜福。

2.一衣一食,当思来之不易

弘一法师辑录过这样一句话:"宜静默,宜从容,宜谨严,宜俭约。"静默、从容、谨严、俭约都是我们今天应该学习的品质。勤俭节约本是中华民族的传统美德,现在却有很多人做不到,这是令人担忧的事。

生活条件好了,物质丰富了,然而本身能享受到良好条件,却坚持勤俭节约的人,却变得少之又少,弘一法师是其中难得的一个,他的生活中,绝不允许有半点的奢侈与浪费。弘一法师出生于富贵之家,平日的生活过得非常宽裕,然而出家后,他就完全变了,变得勤俭节约,戒绝一切奢靡。

弘一法师说:"我们出家人,用的东西都是施主施舍的,什么东西都要爱惜,都要节俭。住的地方,只要有空气,干净,就很好。用的东西只要可以用,不计较什么精巧华丽。日中一食,树下一宿,是出家人的本色。"

1924年,弘一法师在普陀山居住时,每天早上仅吃一大碗稀饭,而且连小菜都没有。中午也仅是一碗饭,加上一碗普通的大众菜。弘一法师每次吃完饭都会用舌头将碗舔一遍,将食物吃得干干净净。然后用开水冲入碗中,再喝下去,唯恐有剩余的饭粒造成浪费。

惜福:十分福气,享受三分

西方哲学家梭罗说:"大多数所谓的豪华和舒适的生活不仅不是必不可少的,反而是人类进步的障碍。对此,有识之士更愿选择过比穷人还要简单和粗陋的生活,因为简单和粗陋的生活有利于消除物质与生命本质之间的隔阂。为了获得圆满无悔的一生,我们必须认清哪些是必须拥有的;哪些是可有可无的;哪些是必须丢弃的。"

现代社会,生活环境越来越好,物质财富越来越丰富。拥有的东西太多了,反而不知道珍惜,浪费便成了习惯,成了恶习。

《菜根谭》里说:"能忍受粗茶淡饭的人,他们的操守多半都像冰一样清纯、玉一样洁白;而讲究穿华美衣服的人,他们多半都甘愿做出卑躬屈膝的奴才面孔。因为一个人的志气要在清心寡欲的状态下才能表现出来,而一个人的节操都是在贪图物质享受中丧失殆尽的。"弘一法师的节俭,让每一个人都深感敬佩。

在佛眼里,今天的一切都是来之不易的,都是经过无数的因缘际会才有的最后结果,我们更应该去加倍珍惜。

释尊在世时,有一名弟子对于信施供养的衣服,才穿了两三天,就任其污秽破损;吃饭的时候,碗中的米粒还未吃完,他人就跑了。由于他总是这样不爱惜东西,因此有一天,释尊命他脱去了袈裟,到城内乞化。弟子进了城内,那些过去曾供养他的人,连一点东西都不肯供养他。

"今天受了什么供养?"等到弟子回来,释尊这样问道。

"释尊,今天连一点供养都没有,请你还给我袈裟吧。"

"我是想还给你寄存的袈裟,可是我已经忘记放在什么地方了。这棉花给你吧,你再去做一件袈裟。"于是释尊给了他一坨棉花。

弟子看了看手中的棉花,心想:这个东西怎么能做衣服呢?他向释尊挖苦似的说道:"释尊!我不是魔术师,怎么会用这棉花做衣服呢?"

"布衣是由棉花做成的,只要经过一定的过程,谁都能做到,并不是只有魔术师才能办到。但是从棉花到布料,必须经过采棉、纺线、织布、剪裁,付出

159

劳力,辛苦制作,才能成为一件衣服,你需要的衣服,就是这样做成的。"释尊回答道。

"噢！这样麻烦？"弟子听了不禁惊奇起来。

"一件衣服,是众缘所成就,吃饭也是一样。要知道,每一粒米都是农民的辛苦,将一粒米煮成饭,得经过植苗、除草、施肥、灌溉等过程。我们现在能这样安稳地过日子,是受到众多人们的帮助,因此绝不可忘了大众的恩义,要时时以感谢的心来爱生惜物。"

世间万物既然存在,就有其存在的理由,也都值得去珍惜。一衣一食来之不易,更需要我们去好好珍惜。一个人只有懂得珍惜别人看来不值得珍惜的东西,才能懂得珍惜自己,珍惜人生;一个真正懂得珍惜的人,才会获得真正的幸福。

3.厚植善因,必收福报

弘一法师对因果有自己的见解。他说:"吾人欲得诸事顺遂,身心安乐之果报者,应先力修善业,以种善因。若一心求好果报,而决不肯种少许善因,是为大误。譬如农夫,欲得米谷,而不种田,人皆知其为愚也。故吾人欲诸事顺遂,身心安乐者,须努力培植善因。将来或迟或早,必得良好之果报。古人云:'祸福无不自己求之者',即是此意也。"

弘一法师认为,有些人的事情之所以做得顺利,能得到很多人的帮助,是因为他以前做过很多好事,也帮助过别人。因此,若想得到好的果报,就必须先有付出。正如农夫种地,想有好的收成,就必须不辞辛劳地种地。不仅得失如此,福祸也是如此,"塞翁失马,焉知非福"。有的时候,缺憾反而会为自己带来益处，生活就是这样一个因果福报的循环。

播种善因，收获善果。"勿以善小而不为，勿以恶小而为之"，只要我们每天做一些力所能及的善行，将来必定收获福报。

楚庄王有一次夜宴群臣，满庭歌舞升平，酒香飘溢，正在酣畅淋漓之际，一阵风吹过，烛火尽灭，顿时漆黑一片。侍者赶忙寻找火器点灯，恰在这黑暗之时，楚庄王的爱妃悄悄拉了拉他的衣袖，耳语道："刚才有人暗中对臣妾行为不轨，臣妾挣脱时顺手扯掉了那个人帽顶的缨子。"显然，灯亮此人将自曝其身。

"慢！"楚庄王立刻喝住点灯侍者，于黑暗中下令群臣拔掉各自帽上的缨子。灯亮之时，众臣均相安无事，无缨而饮。

几年后的一场大战中，楚庄王困于绝境，身旁一猛将，死命拼杀，护驾突围成功。化险为夷之后，楚庄王躬身相谢，这个将领突然跪倒于地："大王不知还记得否，几年前卑臣一次酒后失礼，若非大王宽宏，臣早已是刀下之鬼了。"

弘一法师说："我们要避凶得吉，消灾得福，必须要厚植善因，努力改过迁善，将来才能够获得吉祥福德之好果。如果常作恶因，而要想免除凶祸灾难，哪里能够得到呢？所以，第一要劝大众深信因果，了知善恶报应，一丝一毫也不会差的。"

有的人信奉着"只管打扫门前雪，不管他人瓦上霜"，与己无关的事情绝对不会过问，也不与人结缘，这样的人当然不会有好运气。而有的人，只要行有余力，就热心助人，不求回报，好运会自然降临，让他平安顺遂。想要有福报，就必须先播撒福报的种子，有善因才有善果，所谓"助人者，人恒助之"，多种一点善因，就能多收一点福报。

世间的得失与取舍关系都是相通的，都符合因果循环。生活中，有因必有果，种善因，得福报，有失才有得。想要取必须先给予，要想得福报，必须先种善因,有付出才能有回报。"取"与"予"之间并不是相互对立的,如果我们只是一味地想去索取,那么,我们将活在地狱;倘若我们懂得"先予而后取"的道理,那么我们便生活在天堂。

有人和佛陀谈论天堂与地狱的问题。佛陀对这个人说:"来吧,我让你看看什么是地狱。"接着,他们走进一个房间,屋子里有一群人正围着一大锅肉汤,他们每个人都有一把可以够到锅里的汤勺,但汤勺的柄比他们的手臂还长,他们自己没法把汤送到嘴里。因此,每个人看起来都营养不良,一脸的绝望。

"来吧,我再让你看看什么是天堂。"

佛陀又把这个人领入另一个房间。这里的一切和上一个房间没什么不同。一锅汤、一群人、一样的长柄汤勺,但大家都在快乐地歌唱。

"我不懂,"这个人说,"为什么一样的条件,他们很快乐,而另一个房间的人们却很悲哀呢?"

佛陀微笑着说:"很简单,在这里他们会喂别人。"

天堂与地狱的区别其实很简单,生活在天堂里的人知道"欲取先予",而生活在地狱的人却只懂得"各取所需"。可见,助人才能助己,生存就是生活,一个不懂得与他人合作的人,就等于把自己送进了地狱。

佛经上说:"善恶之报,如影随形;三世因果,循环不失。此生空过,后悔无追!"所以,我们应该正视因果循环,厚植善因,必能得来福慧圆满的生活。

我们不必羡慕别人的福报比我大,也不必研究别人的福报从哪里来,胡适之先生说:"要怎么收获,先要怎么栽。"既然已经种下善因的种子,自然就能收到福报的果实。

4.僧侣为什么只穿布做的鞋?

僧侣为什么只穿布做的布鞋? 我们似乎从来没有见过僧侣穿皮鞋,原因其实很简单,因为僧侣们知道,皮鞋的原料皮革,是杀生取得的。换句话说,僧侣们不穿皮鞋,是因为他们有慈悲心。

弘一法师护生已成为自觉行为。1928年,他乘船途中,见一老鸭关在笼里,十分可怜,便出资将鸭赎出,带回去养在庙中。后来他请丰子恺居士为老鸭画像,收入《护生画集》第一册。在《护生画集》第一册中,弘一法师指明了护生画的原则,"以艺术作方便,人道主义为宗趣"。豆粒大的微光亦足以照千年之暗室,法师希望这些作品能唤醒人们心中的善良,使人性苏醒。《护生画集》有幅画作,名《刽子手》:

一指纳沸汤,浑身惊欲裂,

一针刺己肉,遍体如刀割,

鱼死向人哀,鸡死临刀泣,

哀泣各分明,听者自不识。

护生集中的《暗杀》一画,画着一位猎人挎枪携猎犬,提猎物归,题白居易诗:"谁道群生性命微,一般骨肉一般皮。劝君莫打枝头鸟,子在巢中望母归。"

人类为了满足自己的需要,剥掉动物的皮毛包裹自己的身躯和双脚,割掉动物的血肉填满自己的胃肠。仅仅为了自己能活得更好,就剥夺别的生命生存的机会,这种做法无疑是自私又残忍的。

皮鞋穿起来是很漂亮, 但是皮鞋血淋淋的制作过程, 一般人是见不到的。衣着笔挺的男士,打扮时髦的女性,都为自己穿在脚下的精美皮鞋感到骄傲,谁也不会想到,为了这光鲜的鞋子,有多少可怜的动物被用最残忍的方式杀死。

天然皮革的来源,有牛皮、羊皮、猪皮、鹿皮、鲨鱼皮、鳄鱼皮等。出产自东南亚的皮鞋,多为猪皮、鲨鱼皮,非洲及南美洲多为鹿皮、鳄鱼皮,美加澳洲、新西兰多为牛羊皮,中国多为猪皮。皮工趁着牲口刚刚被杀,还未死透,全身尚温暖之时,用刀开口,用手将它们的皮活活剥下,血淋淋的,惨不忍睹!畜生虽已被杀死,其实未死透,仍有知觉,只是已无力嘶喊惨叫,无力挣扎。

皮工把兽皮剥下以后,洗净血迹,削去脂肪,用硝盐溶液来浸皮,经过很多手续,才做成皮革,烘干了,再涂上化学油,染色,最后成为漂亮的皮革。制鞋工厂买到了皮革,割成许多块,做成皮鞋的鞋面。

现在已有人造皮革,是用化学树脂做成的,例如尼龙之类。但是,它们多半被用来做拖鞋、涉水长靴、运动鞋,很少用来做日常的皮鞋,一般人能买到的皮鞋,仍以天然皮革制成者居多。

在佛祖的眼里,世间的生命是没有高低贵贱之分的,人们应该以慈悲之心对待一切生物,只有这样,大自然才可以和谐相处。然而世人总是看不透这一点。自然界本应该是一个和谐的大家庭,自然界中的一切生命本应该和谐相处,但是在人类的破坏之下,这种平等已经被打破。身为高级动物的人类,肆意地杀戮其他生命,以谋取利益。在人类强有力的破坏下,自然失去了原有的平衡,各种灾难也就悄然而至,然而人类还是没有觉醒,一方面想尽办法,希望能够逃脱自然界的惩罚,一方面还在做着那些令自然界进一步失衡的事情。

人类在残酷的竞争中脱颖而出,成为了自然界的主宰,却还要将这种残忍的事情延续下去。在这个蓝色星球上,每一种生物都有其生存的权利,身为万物之灵长,人类有责任去维护每一个生命,维护每一个生命的尊严。在我们的眼里,很多生命是微不足道的,我们稍微动一动手脚,就可以置他们于死地。看着因人类的残忍而灭绝的生物，很多人不禁想问："我们的慈悲之心去哪儿了？难道心中没有恻隐之心吗？"

真正有修为的人，"扫地恐伤蝼蚁命，爱惜飞蛾纱罩灯"。在这样的人的眼里，万物是平等的，不管是否出于宗教信仰，都要少杀生，或是少使用动物制品。要学习寺庙中的师父们，时刻悲悯地面对这个世界，从小事做起，即使是区区一双僧鞋，也不忘记爱生命、护生命，让慈悲的光辉照耀红尘，温暖世间。

5.人生的美好不只在于有物质享受

弘一法师是众人艳羡的对象。他年轻时才华横溢，锦衣玉食。然而在经历过这些浮华喧嚣后，弘一法师看透了这个残缺的世界，绚烂至极后的他选择了和过去彻底决裂。壮年出家，不管是过去，还是现在，很多人都不理解他的选择。

弘一法师的学生，丰子恺的"人生三层楼"之说，为他的选择作了最好的解释："人的生活，可以分作三层：一是物质生活，二是精神生活，三是灵魂生活。物质生活就是衣食，精神生活就是学术文艺，灵魂生活就是宗教。"弘一法师是个"人生欲"非常强烈的人，在满足了"物质欲"和"精神欲"之后，还"必须探求人生的究竟"。于是他爬上三层楼去，做和尚，修净土，研戒律。这是一般人达不到的境界，一般人能追求精神生活就不错了。

人类奋斗的根本动机在于享受美好的生活，包括物质享受和精神享受，但不管是哪种享受，实质上都是为了得到快乐。无论个人是否重视物质享受，个人的奋斗也都是为了享受，只不过是有的偏重物质享受，而有的偏重精神享受。

然而过分的物质享受会使人们的生活更加凌乱，声色犬马的生活只能换来暂时的麻痹，不能够真正解决人的孤独。其实一个人在丰富的物质生活中很容易迷失自己，容易产生消极的情绪，容易对世界丧失热情。如此一来，物质反而成了精神的磨损剂。

赵州禅师语录中有这样一则。

问："白云自在时如何？"

师云："争似春风处处闲！"

安莫安于知足，危莫危于多言。

看，那天边的白云，什么时候才能逍遥自在呢？当它像那轻柔的春风一样，内心充满闲适，本性处于安静的状态，没有任何的非分追求和物质欲望，它就能逍遥自在了。

在现实生活中，有的人过分地追求金钱，追求物质享受，反而造成了精神的空虚，让自己无所寄托；有的人任意放纵自己，纵情声色，甚至吸毒，想通过这些方式找到精神的寄托，结果却走上了万劫不复之路，可悲，可叹！

社会上流传过一句话，叫"穷得只剩钱了"。一些人在有了太多的金钱后，反而迷失了自己，成了精神上的乞丐。对待金钱，我们必须要拿得起、放得下，要知道，赚钱是为了活着，但活着绝不只是为了赚钱。假如人活着只把追逐金钱作为唯一的目标和宗旨，那人就成了一种可怜的动物，被自己所制造出来的各种工具捆绑起来，被生活所遗弃。

金钱并不是唯一能够满足心灵的东西，虽然它能为心灵的满足提供多种手段和工具，但在现实生活中，过于依赖金钱和物质，反而会使人变得惰性十足，甚至变得不择手段。过于爱钱的人，容易为金钱所困惑，为金钱而难受，为金钱而痛苦。一旦失去了钱财，就如同鱼离开了水，无法存活。然而，不一定金钱多了人就能获得幸福。人生的美好不只在于有物质享受而已。钱只要能够满足生活需要就可以了，何必为了挣钱变得利欲熏心呢。

星云大师说："金钱可以买得到奴隶，但买不到人缘；金钱可以买得到群众，但买不到人心；金钱可以买得到鱼肉，但买不到食欲；金钱可以买得到高楼，但买不到自在；金钱可以买得到美服，但买不到气质；金钱可以买得到股票，但买不到满足；金钱可以买得到书籍，但买不到智慧；金钱可以买得到床铺，但买不到睡眠。"

精神生活所能给人带来的美好享受，是物质生活永远不能取代的。人生如果缺乏精神上的享受，将变得多么枯燥无味。我们在追求物质生活的同时，也应追求由良好的道德行为带来的精神享受。一个精神生活空虚的人，通常不会有大的作为。

物质的享受出自人们的本能，可以无师自通。而精神享受却是更高层次的享受，它需要学习，需要修炼，需要有高尚的思想情操和渊博的文化知识作为支撑。我们只有加强学习，注意修养，不断丰富自己的精神世界，升华自己的精神层次，才能提高自己享受崇高的精神生活的能力。

6.无论顺境逆境，都懂得感恩

弘一法师在泉州草庵生病的时候，有一位朋友给他写了封慰问信，言辞十分恳切，字里行间里充满了对他的关怀，而且落笔处还有其他朋友的祝福以及签名。这一切让病中的弘一法师十分感动，以至于很多年后，他依然常常为此事而感谢他的朋友们。

当人们身处顺境的时候，会很容易拥有感恩之情，然而真正的感恩并不只限于顺境之中,在逆境中,我们同样要去感恩。

感恩之心是我们每一个人都不可或缺的阳光雨露。无论你是何等尊贵,或是多么卑微;无论你生活在何地何处,或是你有着怎样的生活经历,只要常怀感恩的心,就必然会不断地涌动着诸如温暖、自信、坚定、善良等美好的处世品格,而这一切又必将让我们拥有一个丰富而充实的生命。

有一座寺院供奉着一尊观音菩萨像,传说此菩萨像有求必应,因此四面八方的人都前来祈祷膜拜,香火鼎盛,每天香客特别多。一天,寺院的看门人对菩萨像说:"我真羡慕你呀! 你每天轻轻松松,不发一言,就有这么多人送来礼物,哪像我这么辛苦,风吹日晒才能得个温饱!"

这时,看门人听到菩萨说:"好啊! 我下来看门,把你换到神台上去。但是有一条要记牢,不论你看到什么、听到什么,都不许说一句话。"看门人觉得这个要求太简单了,便欣然同意。

于是,观音菩萨下来看门,看门人则上去当菩萨。这位看门人依照先前的约定,静默不语,聆听信众的心声。来往的人潮,络绎不绝,他们的祈求,有合理的,有不合理的,简直是千奇百怪。但无论如何,他都强忍下来,没说一句话,因为他必须信守对菩萨的承诺。

有一天,来了一位富商,当富商祈祷完后,竟然忘记拿手边钱袋便离去了。接着来了一位三餐不继的穷人,他祈求观音菩萨能帮助它渡过生活的难关。当他要离去时,发现了先前那位富商留下的钱袋,打开袋子一看,里面全是钱。穷人高兴得不得了,他嘴里喃喃自语道:"观音菩萨真好,有求必应。"然后万分感谢地离去。接下来来了一位要出海远行的年轻人,他是来祈求观音菩萨降福平安的。正当年轻人要离去时,先前丢钱的富商冲了进来,他抓住年轻人的衣襟,要年轻人还钱,年轻人不明就里,两人便吵了起来。

这个时候,看门人终于忍不住,便开口说话了,向他们讲清了事情原由。既然事情已经清楚了,富商便去找看门人所形容的穷人,而年轻人则匆匆离去，生怕搭不上这班船了。这时，真正的观音菩萨出现了，他指着神台上的看门人说："你快给我下来吧！那个位置你没有资格干了。"

看门人说："我把真相说出来，主持公道，难道不对吗？"

观音菩萨说："你错了。富商并不缺钱，可是对那穷人来说，那些钱能挽回一家大小的生计；最可怜的是那位年轻的信佛弟子，如果富商一直纠缠他，延误了他出海的时间，他还能保住一条性命，而现在他所搭乘的船正沉入海中。事实上，很多事情，我们在过了一段时日之后，再回过头看看，才会发现，当初我们认为最好的安排，其实并不是最好的，甚至那所谓的最好的安排，可能造成了最差的结局。因此我们必须相信：当前我们所拥有的，不论是顺境还是逆境，都是对我们最好的安排。"

人们都渴望顺境，"万事如意"、"一帆风顺"这些美好的祝福语，代表了人们想要顺境的心情。然而，人的一生中，有顺境，也有逆境。顺境时，我们要感谢命运，感谢那些帮助你的人。逆境时，我们也要有一颗感恩的心，因为逆境并不一定是坏事。

逆境告诉我们，自己仍有不足之处，是时候要改善、增益自己的知识与技能，及时为自己"充电"了。学习放下自我，学习"逆境自强"，逆境便皆可渐渐克服过来。

逆境也能锻炼人，成就人。在我国历史上，文王拘而演《周易》；仲尼厄而作《春秋》；屈原放逐，乃赋《离骚》；左丘失明，厥有《国语》；孙子膑脚，《兵法》修列；不韦迁蜀，世传《吕览》。"天行健，君子以自强不息"。可见，相对于顺境，逆境更能够锻炼人，更能使人坚强。

在现实生活中，我们对于最好总有自己的一套标准，但事与愿违，常使我们意不能平。我们必须相信，目前我们所拥有的，不论是顺境还是逆境，都是对我们最有利的安排。若能如此，我们才能懂得感恩。

无论顺境逆境，都要心存感恩，用一颗柔软的心包容世界。如果想成为一颗太阳，那就从尘埃做起；如果想成为一条大江，那就从水滴做起；如果想成为世界瞩目的英雄,那就从最普通、最平凡的人做起。循序渐进永远好过急于求成,每个想法的实现都是通过积累获得。

马斯洛说:"心若改变,你的态度跟着改变;态度改变,你的习惯跟着改变;习惯改变,你的性格跟着改变;性格改变,你的人生跟着改变。"

第十一课

修行：在家里也可以

1.扫地亦是修行

弘一法师讲过一个故事,这个故事出自《根本说一切有部毗奈耶杂事》。

世尊于逝多林时,见地不净,便执帚欲扫园林。时舍利弗、大目犍连、大迦叶、阿难陀等诸大声闻见后,皆执帚共扫园林。佛与众弟子打扫完毕后,入食堂就坐。佛告比丘:"凡扫地者,有五胜利,一者自心清净;二者令他心清净;三者诸天欢喜;四者植端正业;五者命终之后当生天上。"

"黎明即起,洒扫庭除",这是中国人的古训,也是我们最基本的日常生活事务。然而伟大的佛陀却由扫地建立了"扫心地"的修行法门。"扫心地"的修行法门在《阿弥陀经疏》中有这么一段记载。

周利盘陀伽(译为大路边)初出家时，常被人取笑，因为他总是记不得释尊的教导，即使是短短的四句偈也背诵不起来。他的哥哥盘陀伽(译为小路边)比他早先出家，见他如此愚钝，不能持诵一句一偈，就要他还俗。正在扫地的周利盘陀伽被哥哥赶到山门外，内心十分难过，他实在不愿还俗，但想到自己天生的愚蠢蒙昧，不禁悲从中来，于是站在只洹门外，号啕大哭了起来。

释尊在知晓周利盘陀伽因愚钝被摈弃在山门外，而悲泣不止后，内心十分不忍，再观察他的因缘，知其道根将熟，就叫侍者唤周利盘陀伽进来。原来，周利盘陀伽其实是个有大根器的久修道人，只因宿世吝法之业果，障蔽了智慧而变得愚昧，于是释尊教导周利盘陀伽"扫地法门"。释尊指指周利盘陀伽手上还拿着的扫帚说："这扫帚，又号为除垢，以后你每天扫地时，边扫边念'除垢'，看到扫帚，就思除垢之义。"

周利盘陀伽依教奉行，三个月后果然悟解，证得阿罗汉果，摇身一变，成为辩才无尽、义持第一的大比丘。

地面不常扫，就不清洁；一个人的心地不常清扫，人生中烦恼的尘埃就会在心中积厚难除。怎么扫除心中的灰尘呢？用惭愧、忏悔、返照、觉察、觉照，念念分明，念念做主，念念觉察，念念觉照，这样，就能把心中的灰尘扫掉了。

弘一法师说："若依《华严经》文所载，种种神通妙用，决非凡夫所能随学。但其他经律等载佛所行事，有为我等凡夫作模范，无论何人皆可随学者，亦屡见之。"扫地就是人人都可学的修行方式。

"心中有佛，处处有佛"，佛法无处不在。居士在家修造，往往以课诵、坐禅为主，但也并不一定非要去念经修行，即使是扫地、做家务，只要全心全意做好，也有殊胜的功德。

寺院中有一个小和尚,每天扫地,洗衣,做饭,念佛,日子就这样日复一日,平淡无奇地过去。有一天,小和尚觉得自己再也不能这样过下去了,自己来寺院是要学佛法的,将来好普度众生,修行成佛。

于是,小和尚来到师父跟前说:"师父,您教我学佛吧。"

老和尚慈眉善目,淡淡地说:"扫地去吧。"

小和尚只好闷闷地扫地。扫完地,小和尚又到师父跟前说:"师父,地扫完了,您教我佛法吧。"

老和尚淡淡地说:"洗衣去吧。"

小和尚转身默默洗衣。小和尚在晾衣服时,心头一动,会心一笑。

小和尚晾完衣服,来到师父跟前说:"师父,衣服洗好了,您教我修行吧。"

老和尚抬头看看天,淡淡地说:"快中午了,做饭去吧。"

小和尚欣喜地说:"师父,您是在教我参话头吧?"

老和尚淡淡地说:"鹦鹉饶舌,做饭去吧。"吃完饭,老和尚和小和尚对视,老和尚说:"我们一起念佛吧。"

日子就这样年复一年地过去。有一天,小和尚欣喜地发现,自己扫地时心里在念佛,洗衣时心里在念佛,做饭时心里也在念佛。老和尚觉得自己快要离开这里了,就把小和尚叫到跟前说:"师父要外出云游了,不知道什么时候回来,你在这里要常扫地,时念佛,给自己和其他信众一个清净的福地。"小和尚目送师父消失在山坡转弯处,并把师父的话铭记在心。

枝头吐芽了,知了开鸣了,草木枯了,雪飞了,小河流水了,老和尚再也没有回来。小和尚已经破掉了束缚他的茧,他已深知扫地,种菜,洗衣,做饭无不是修行,无时不可以念佛,动静语默皆念佛修行。小和尚的道场名声在外,度化了一批又一批信众。小和尚渐渐老了,他知道自己也将去师父云游的地方了,他要和师父一样去成佛了。小和尚实现了当初来寺院的愿望。

扫地的功用有以下几点：

一是"降伏我慢心"。是因为人都有贡高我慢心，觉得世界上"我"是了不起、高人一等的，不懂得尊重别人，这种心态其实就是做事情的最大障碍。若能快乐、自在地做一般人认为下贱的工作，也就是降伏了贡高我慢的心。

二是"干净可以使人的心定下来"。把家里或工作环境打扫得窗明几净，不仅自己的心能感到清净，也会让经过者或使用者的心清净。心一清净，自然心就定下来了。

三是"扫掉心里的垃圾"。我们的心里有很多垃圾，如贪心、嗔心、慢心、疑心……心里面的垃圾多了、烦恼多了，人也就整天糊里糊涂的。而心地的垃圾扫干净了，心地就清净了。若达到佛经中所说的"寂无所寂"，才算清净到了家。

佛教有首《扫地歌》，歌词是这样的：

扫地扫地扫心地，心地不扫空扫地，
人人若把心地扫，无明烦恼皆远离。
扫地扫地扫心地，心地不扫空扫地，
人人若把心地扫，人我高山变平地。
扫地扫地扫心地，心地不扫空扫地，
人人若把心地扫，世间皆成清净地。
扫地扫地扫心地，心地不扫空扫地，
人人若把心地扫，朵朵莲花开心底。

在修行者眼中，扫地与念经一样，都是修行的途径。佛法来源于生活，因此，扫地亦是修行。

2.不可因早晚诵经影响家庭生活

弘一法师在《切莫误解佛教》中说:"有几位问我,不学佛还好,一学佛问题就大了,我的母亲早上晚上一做功课,就要一两个钟头,如学佛的都这样,家里的事情简直没有办法推动了。"弘一法师告诫人们:"从前印度大乘行人,每天六次行五悔法,时间短些不要紧,次数不妨增多,终之学佛,不只是念诵仪规,在家学佛,绝不可因功课繁长影响家庭生活。"

学佛的人,早晚诵经念佛,这在佛教里面叫课诵。就像基督教早晚及饮食的时候要祷告,天主教徒早晚也要诵经一样,是一种宗教行仪,这本来没有什么问题,不过这件事情,但却在很多人中造成了误解,使人误会佛教为老年有闲的佛教,非一般人所宜学。弘一法师说:"其实,早晚课诵,并不是一定诵什么经,念什么佛,也不一定诵持多久,可以随心所欲,依实际情形而定时间。"

出家修行与居士在家修行是不同的。早晚课诵,过午不食,初夜、后夜坐禅,这是出家人的修行方式。佛陀为在家修行的人所说的各种经中,都不见有要求在家修行必修朝暮课诵、过午不食、初夜后夜坐禅的言句,这是大有深意的。在家修行的人,各有各的工作,有自己的营生治事,要养家糊口,闲暇实在有限。若亦按出家人的方式修行,容易贻误工作,影响家庭和睦,身体健康,是为佛法所不愿的。一个人课诵、坐禅而贻误工作,便犯了盗戒,修行岂能有成就;一个学生不顾学习去课诵、坐禅,功课学不好,便有负于家长,也就是有负于佛法,也是违背佛陀教诫之举的。

弘一法师认为,中国传入日本的佛教、净土宗、天台宗、密宗等都各有自宗的功课,简要而不费多少时间,这还是唐、宋时代的佛教情况,我们中国近代的课诵,一是丛林时期所用的,丛林住了几百人,集合一次就须费好长时间,为适应这种特殊的环境,所以课诵时间较长。二是元、明以来佛教趋向混合,于是编集的课诵仪规,具备各种内容,适合不同宗派的修学。其实在家居士,不一定要如此。

有一个老人向大师诉苦。他说:"大师,您一定要劝劝我的老伴,她现在学佛学得日子也不好好过了。天天一大早就爬起来做功课,弄得全家人都睡不好觉,白天也不做事,就知道念佛打坐,小孙子闹也没用。家人说她,她也不听,反说我们根性太浅,不明白事理,还说要与我分居,专心修行——真是,年轻时我没休妻,到老了,她反倒休夫了!"

现在有些在家修行的人,不顾个人生活实际,完全依葫芦画瓢,照搬出家人的生活。这是在所谓的"精进"居士当中存在的一种极不正常的现象。这些人认为,凡修行,必向出家师父靠拢;有没有修行,就看你是不是学出家师父学得全,学得像!根本不去想这一做法对个人修行有无必要,是否会加重家庭负担。出家师父要每天参禅打坐,精进念佛。那么他也要摒弃万缘,每天双腿一盘,梦想如此就能往生极乐。却忘记了老伴是不是需要照顾,小孙子是不是还在哭闹,自己的责任是不是已经尽到。

在家修行的人更应该先负起家庭的责任,要在保证家庭安定和乐的同时,再来静心修行。有的人可以把佛教活动搞得有声有色,但在家庭的投入和管理中却是一团糟,这样的人,即便可以很积极地护持道场,也不会是一个圆满的榜样。

在家修行学佛应以修慈悲心,修善德为主,至于念佛、坐禅,不需要生搬硬套,可以按照本人的实际情况而定,贯彻佛教的方便原则,家中设不设佛堂,拜不拜佛,不必一律强求。最主要的是要心中有佛,心中有法,以佛为榜样,以佛法为准则。

3.在家修行更要自律

弘一法师说:"在家居士,既闻法有素,知自行检点,严自约束,不蹈非礼,不敢轻率妄行。"法师说这句话的用意,就是让在家修行的人要学会自律。自律是指在没有人现场监督的情况下,通过自己要求自己,变被动为主动,自觉地遵循法度,拿它来约束自己的一言一行。

弘一法师是一个自律精神极强的人, 在他身上曾将发生过这样一个故事。

弘一法师在光岩寺居住时,李芳远居士给他送来一只水仙头。他没有东西来养,于是就向寺院里借了一只瓷盆。后来弘一法师移居到南普陀山,他专门起走了水仙头,很郑重地又把瓷盆还给了寺院。

我们生活在这个世界上,过的是共处的群体生活,因此就必须遵守一定的共同规则,恪遵自己的本分,尽该尽的责任与义务。而这共持的准则规范,主要是用来自律行为,继而发展人们安居乐业的人间净土生活。

这共同的规则,持续相传运行于社会,营造人们共同需求的和谐空间,这样的行为是必然的。反之,若无共同准则,那么社会就会变得无律可依,将导致乱象横生、人心惶惶,所以必须仰赖共同规则来规范运行。只有订出规则,大家共同遵守,社会才不致混乱。

世间万物都要有一定的规则,否则就不能生存和运行。自然界的事物有其自然规律,人类社会有法律和各项规章制度。在社会生活中,规章制度很重要,因为有制度的存在,我们的社会才能按部就班地维持着自己的运转。规章制度不会自行发挥作用, 只有人对制度的忠实执行,即执行者的"自律",规章制度才有意义。

佛法也是这样,只有修行者严格地恪守佛法教诲,佛法才有实际意义。研习佛法要严格自律,修行才有效果。就像练习盘腿打坐一样,当盘腿打坐"突破"一个小时后,随着时间的逐渐增加,以期达到两小时。这是一个看似简单,做起来却相当有难度的事。首先,腿的麻痛让人难以坚持;其次,静心没有看电视轻松;最后,没有监督者很容易半途而废。因此,一个人能否成功,自律起着决定性作用,意志不坚定的人很容易就会放弃。其实,只要咬咬牙挺过去,也就坚持了下来。

人从一生下来就处于被人管教的状态中,在家父母管、上学老师管,工作领导管,而修行是自觉自愿的行为,没有任何人管理。因此,人习气中的"懒"起着很大的副作用,给自己想方设法找理由,从而达到"舒服"的目的。

杀生、邪淫、妄语、饮酒这些戒条,修行的人都能保持不犯,但在社会上的人就不然了。饭桌上谈生意,酒要喝,肉也要吃,讨价还价的假话也要说,遇到难搞定的客人,还要搞一些特殊服务,邪淫之戒也就犯了。

五戒中相对容易触犯的是偷盗。按照佛教观点,无论是有盗取之心还是有盗取之行为,都犯了偷盗的罪过。弘一法师教导信众说:"非但银钱出入上,当严净其心;即微而至于一草一木、寸纸尺线,必须先向物主明白请求,得彼允许,而后可以使用。不待许可而取用、不曾问明而擅动,皆有不与而取之心迹,皆犯盗取盗用之行为,皆结盗罪。"

佛法修行是艰苦的自律行为,要经受住物质享乐的贪欲诱惑,要对他人的是是非非,视而不见,听而不闻,宽容大度,淡然处之。对自己的思想行为按照佛法理性中善良与邪恶的十业标准,严格地加以规范。有不少的大德高僧就是在难以想象的刻意自律中修行的,自律是人与人生命层次能否提升的本质要求。

在家修行的人,看似不用面对青灯古佛夜夜诵经,好像比出家修行的人轻松很多。其实不然,在家修行的人要面临更多的诱惑、更多的考验,因此更应该自律,这样才能得到更多、更好的福报。

4.多学静坐，以收敛浮气

弘一法师说："敬守此心，则心定。敛抑其气，则气平。"收敛抑制心气，则心气平和。弘一法师在这里提到，只要"心定"，应能"敛抑其气"，这对人的修养非常重要。在修养身心上，最忌讳的就是躁动不安，佛家讲"空"，儒家讲"静"，道家讲"清静无为"，其实都是一个意思，就是让人心境平和。

要想心境平和，就要收敛浮躁之气；收敛浮躁之气的方法，在于多学静坐。静坐使人抛开一切，使心"空"，空才能心静，心静才能消除烦恼、焦虑。

美国哈佛大学的医学教授称，练习静坐能降低肌肉的紧张程度，减少血清乳酸量的分泌，而且有测试表明，每天练习静坐20分钟，持续一周后，专注力和情绪控制力都会有所改进，焦虑、情绪低落、愤怒等负面情绪则大幅下降。

浮躁之气，很多时候就是来源于大家平日里累积的恶习。很多习惯不是天生的，而是后天养成的，因而我们只要有勇气和决心，是可以改掉坏习惯的。大多数人，其实都具有清净的真如本性，但这种本性往往被人们的恶习掩盖了，需要我们通过改掉恶习来还原自己清净的本性。

有的人会将自己的过错推给他人、父母或是上天，却从不知道自我改进，这样的人终生都会被自身缺点所左右，前进到某个阶段便会止步不前。

浮躁之气可以通过静坐来改进。静坐之前，自己应当闭上眼睛好好思考一下，是否因为心生浮躁而做过很多错事？是否极容易被周围环境、人物影响，情绪受到左右？又是不是那种会为了某些小事而生气，生气过后仍然钻牛角尖的人？

静坐能够陶冶人的情操，动不动就发脾气的人，静坐时间长了，就会发现，自己在一次次的宁静与反省中，开始变得温和从容了。弘一法师认为，平日多练习静坐，可以帮助人们收敛浮躁之气，事实的确如此。

初学静坐也不是件容易的事。王阳明说:"初学者一旦静坐,必定心猿意马,拴缚不定,他所思虑的,多是人的欲望。"佛教讲戒、定、慧,定在戒和慧之间,是座桥梁。在打坐过程中,你如果发现自己的心静不下来,就要主动去寻找原因。静坐中对自身的反思越深,对自己内心的反观就越加明确。

曾国藩就是这样的人。开始时不但控制不住自己的思绪,甚至有一次,他本打算静坐小半时,结果睡着了,醒来之后,居然痛骂了自己一顿。

几天后,曾国藩接到冯树堂的口信,问近来静坐功夫做得怎样了。曾国藩非常惭愧,赶紧到冯树堂家中道歉。两人交谈后,冯树堂送曾国藩出门,叮嘱道:"你必须静坐,坐得有些端倪时,就觉得万事都不如静坐了。"冯树堂还说:"除谨言静坐,无下手处。若能养成静坐功夫,天下就没有做不成的事。"

曾国藩经常性地焚香静坐,这种精神与意识一天都没有放弃。中国有句话叫"宁静致远",曾国藩之所以后来能在大风大浪中镇静自若,宠辱不惊,打仗擅长运用结硬寨、打呆仗的方法等,均是从"静"中演化出来的。

无论闲忙、晨昏,都可以静下心进行静坐,静坐可以帮助我们清除身心的忧恼、障碍。一时静坐的练习就可以使人一时受益,如果经常练习就可以经常受益。如果你在浮躁的社会中变得浮夸,不妨抽出一点时间静坐,或许能让自己的心情平静。

5.做红尘中的真菩萨

1918年7月1日,正是壮年的李叔同在虎跑寺出家之时。弘一法师放弃奢华的俗世生活,毅然决然地选择出家,这在当时轰动了整个社会。人们一边对他出家的动机好奇,一边又感叹佛法的魅力。弘一法师的出家一时成为社会上的热门话题。

很多人敬仰佛法,但是又不想看破红尘,遁入空门,只好对佛陀敬而远之。他们认为学佛就得出家,这实在是对佛教的一种误会。

弘一法师在《切莫误解佛教》中说:"有的人,一学佛教就想出家,似乎学佛非出家不可,不但自己误会了,也把其他人都吓住而不敢来学佛了。这种一学佛就要出家的思想,实在要不得。出家不易,要出家就先做一良好在家居士,为法修学,自利利他。如真能发大心,修出家行,献身佛教,再来出家,这样自己既稳当,对社会也不会发生不良影响。"

修佛不一定要出家。四大菩萨中,只有一个地藏菩萨是出家的,观音大士、普贤菩萨、文殊菩萨都是在家居士修到果位的。学佛与出家没有必然联系,只要心中有佛,无论在哪里都可以修行,若心中无佛,就是在深山寺刹也仿佛在闹市街头。

一位官吏到寺庙上香,认识了在庙里修行的小和尚。官吏问小和尚整天在黑暗的大殿里念经枯燥不枯燥,要不要到外面的世界去看看。

小和尚有些不解,就问官吏为什么要到外面去?

官吏说:"外面的世界很好,宽敞明亮,要什么有什么,不愁吃喝,没有必要在这里当苦行僧。"

小和尚认为自己在寺庙里过得很好,一心向佛,佛祖赐给他屋檐遮挡风雨,还可以天天和师父交流得道心得,很有乐趣。

181

官吏问小和尚："你在这里自由吗？"

小和尚沉默了。

于是，官吏就把小和尚带出了寺庙，把他安排在了一个豪华奢靡的人家住下。由于官吏忙于政务，没多久便把这件事情忘记了。

一年后，官吏想起了小和尚，就去看望他。

官吏问小和尚过得怎么样，小和尚说："我佛慈悲，我过得很好。"

官吏又问小和尚在这个精彩世界里的感受。

小和尚长叹一声说："这里什么都好，每天早上一醒来就能看到满院佛光普照，比起我以前的那个小寺庙好多了，只是这寺庙太大了。"

说话间，小和尚已入定。

学佛不是把自己交给寺院，而把自我交给一种信仰。弘一法师说："出家功德大吗？当然大，可是不能出家的，不必勉强，勉强出家有时不能如法，还不如在家。"爬得越高，跌得越重，出家功德高大，但一不当心，堕落得更厉害，要能真切发心，勤苦修行，为佛教牺牲自己，努力弘扬佛法，才不愧为出家。

学佛的有出家弟子，有在家弟子。出家可以学佛，在家也可以学佛，出家可以修行了生死，在家也同样可以修行了生死，并不是学佛的人一定都要出家。

出家很不容易。古大德有句话："地狱门前僧道多。"你要能想到这句话，你就想想要不要出家？要出家，就学释迦牟尼佛，学祖师大德，没有问题，出家好，无量功德。如果不像释迦牟尼佛，不像祖师大德，那个麻烦就大了。"施主一粒米，大如须弥山。今生不了道，披毛戴角还"。意思是说，今生不了道，要堕三途，三途罪受完了，变畜生还债，你说这个事情多麻烦。学佛如果是一心想求生西方净土，亲近阿弥陀佛，不用出家。

莲池大师告诉我们，其实在家修行最好。在家修行，我们可以奉养父母，可以教导子孙，可以做一名如来真实的在家弟子。这是莲池大师的经验，也是对我们的嘱托。我们承担起自己的责任，我们有工作、家庭，我们对上奉养父母，对下教导子孙，在家庭生活与工作之间，按照佛的教诲，做一个能够承担已任、有爱心,能够助人,能够自己按照佛的要求、佛的教诲如实修行的在家居士。长期修下去,我们按佛法逐渐熏陶自己,不断地影响自己,慢慢就变化过来了。

出家还是在家,只是人为设置的界限。学佛的人求的是佛法,而不是出家。通晓佛理才是学佛的目的。只要心中有佛,无论出家还是在家,都是修行;只要一心向善,爱自己爱别人,都可以过得快快乐乐。

6.佛教的简易修持法

佛所说修行法门很多,深浅难易,各有不同。想要修行佛法的人,一开始往往不知从何入手。弘一法师在永春普济寺受邀讲解了佛教的简易修持法,是个人人能懂、人人可行的方法。弘一法师说:"我以为谈玄说妙,虽然极为高尚,但于现在行持终觉了不相涉。所以今天我所讲的,且就常人现在即能实行的,约略说之。"

弘一法师认为,专尚谈玄说妙,譬如那饥饿的人,来研究食谱,虽山珍海味之名,纵横满纸,如何能够充饥?倒不如现在得到几种普通的食品,即可入口,得充一饱,才于实事有济。

弘一法师告诫大家,修持的第一步就是要深信因果。因果之法,虽为佛法入门的初步,但是非常重要,无论何人皆须深信。何谓因果?"因"者好比种子,下在田中,将来可以长成为果实。"果"者譬如果实,自种子发芽,渐渐地开花结果。

一生所作所为,有善有恶,将来都会有报应。桃李种,长成为桃李,作善报善;荆棘种,长成为荆棘,作恶报恶。我们要避凶得吉,消灾得福,必须要厚植善因,努力改过迁善,将来才能够获得吉祥福德之好果。如果常作恶因,而要想免除凶祸灾难,哪里能够得到呢?

所以,弘一法师说:"第一要劝大众深信因果,了知善恶报应,一丝一毫也不会差的。"

简易修持法的第二步是发菩提心。"菩提"二字是印度的梵语,翻译为"觉",也就是成佛的意思。"发"者,是发起。故发菩提心者,便是发起成佛的心。为什么要成佛呢?为利益一切众生。那又该如何修持才能成佛?须广修一切善行。以上所说的,要广修一切善行,利益一切众生,但须如何才能够彻底呢?须不着我相。所以发菩提心的人,应发以下之三种心。

(1)大智心:不着我相。此心虽非凡夫所能发,亦应随分观察。

(2)大愿心:广修善行。

(3)大悲心:救众生苦。

真发菩提心的,必须彻悟法性平等,我与别人没有什么差别,只有这样才能够真实和菩提心相应。

简易修持法的第三步是修净土。弘一法师说:"既然已经发了菩提心,就应该努力地修持。修持的法门与根器不相契合的,用力多而收效少;倘与根器相契合的,用力少而收效多。"

在这末法之时,大多数众生的根器,和哪一种法门最相契合呢?说起来只有净土宗。因为泛泛修其他法门的,在这五浊恶世,无佛应现之时,很是困难。若果专修净土法门,则依佛大慈大悲之力,往生极乐世界,见佛闻法,速证菩提,比较容易得多。所以龙树菩萨曾说:"前为难行道,后为易行道;前如陆路步行,后如水道乘船。"

关于净土法门的书籍,可以首先阅览者,《初机净业指南》《印光法师嘉言录》《印光大师文钞》等。依此就可略知净土法门的门径。

第十二课

持戒：提高自我修养

1.学佛者如何改过？

1933年农历正月，弘一法师在厦门妙释寺演讲时说："今值旧历新年，请观厦门全市之中，新气象充满，门户贴新春联，人多着新衣，口言恭贺新喜、新年大吉等。我等素信佛法之人，当此万象更新时，亦应一新乃可。我等所谓新者何，亦如常人贴新春联、着新衣等以为新乎？曰：'不然。'我等所谓新者，乃是改过自新也。"弘一法师的这段话，是让大家改过自新，在新的一年开始之际，开始一个崭新的人生。

古人云："人非圣贤，孰能无过。过而改之，善莫大焉。"孔子也说："过而勿惮改。"说的是人人都会有过错，有了过错就要改正。但是改过并不是件容易的事，也不是人人都能做到的。弘一法师结合自身之经验，为我们改正错误提供了简易的方法。

（1）学。

"须先多读佛书儒书,详知善恶之区别及改过迁善之法"。弘一法师要我们多读佛学儒学方面的书。为什么要读儒学方面的书呢?弘一法师做了如下解释:"余于讲说之前,有须预陈者,即是以下所引诸书,虽多出于儒书,而实合于佛法。因谈玄说妙修证次第,自以佛书最为详尽。而我等初学之人,持躬敦品、处事接物等法,虽佛书中亦有说者,但儒书所说,尤为明白详尽适于初学。故今多引之,以为吾等学佛法者之一助焉。"

市面上关于佛学、儒学方面的书太多了,可谓浩如烟海,一般人无力遍读,即便读了的也难于理解。弘一法师根据自身经历说:"可以先读《格言联璧》一部。余自儿时,即读此书。皈信佛法以后,亦常常翻阅,甚觉其亲切而有味也。"

（2）省。

弘一法师说:"既已学矣,即须常常自己省察,所有一言一动,为善欤,为恶欤?若为恶者,即当痛改。"既然通过读书学习和自我省察,知道了自己的一言一行,是善还是恶,也知道了如何改过。如果认为自己还有哪方面做得不对,就要痛改前非。

"一日禅"中写道:"人有两个眼睛,看世间,看万物,看他人,就是看不到自己;能看到别人的过失,却看不到自己的缺点;能看到别人的贪婪,却看不到自己的吝啬;能看到别人的愚昧,却看不到自己的无知;能看到别人的目光短浅,却看不到自己的狭隘。人生要多些反思,也要多些扪心自问,何时才能认识自己?何时才能看清自己?"

有一个禅师一次进入寺庙,看见禅房前的石头台阶上贴了一则帖子。上面写着"照顾脚下"四个字,禅师当即明白其中的含义。它的意思是指观察自己所站的位置,洞察当下。

然而这四个字还有另一层意思,就时请大家把鞋脱下。这个"把鞋脱下"

并非真的要来人脱鞋,而是要我们反思当前处境,看清自己。

通过不断地反思自己,找出自己身上的错误,时时注意改进,最好做到孔子所说的:"吾日三省吾身。"每天都要反思自己的所作所为。弘一法师说:"除时时注意改过之外,又于每日临睡时,再将一日所行之事,详细思之。能每日写录日记,尤善。"

(3)改。

弘一法师说:"省察以后,若知是过,即力改之。"经过自省,知道了自己的过错,就要全力改之。弘一法师还说:"诸君应知改过之事,乃是十分光明磊落,足以表示伟大之人格。"子贡说:"君子之过也,如日月之食焉;过也人皆见之,更也人皆仰之。"古人也说:"过而能知,可以谓明。知而能改,可以即圣。"法师是想让大家用这些话勉励自己。

人要敢于挑战自己,战胜自己,只有战胜自我,才能完善自我。当知道自己有过失之处,就应该即刻提起精神,奋发向上,把旧的种种过失一齐改掉,另外开辟一条新的人生大道! 这样才会有崭新的自我,崭新的人生。

2.十条最应注意的改过迁善之事

弘一法师一直注意改过迁善。1933年正月,弘一法师在厦门演讲时说:"余五十年来改过迁善之事。但其事甚多,不可胜举。今且举十条为常人所不甚注意者,先与诸君言之。《华严经》中皆用十之数目,乃是用十以表示无尽之意。今余说改过之事,仅举十条,亦尔;正以示余之过失甚多,实无尽也。"

(1)虚心。

弘一法师说:"常人不解善恶,不畏因果,决不承认自己有过,更何论改?

但古圣贤则不然。"

这句话的意思是说，普通人知错不改，而古代圣贤则知过就改，是我们学习的榜样。

孔子曰："五十以学易，可以无大过矣。"孔子五十岁学习了易学，认为这样才能不再犯什么错误。孔子还说："闻义不能徙，不善不能改，是吾忧也。"知道了自己的缺点，而又不能及时改正，这是孔子所忧虑的。

蘧伯玉为春秋时期的贤人，他派人去看望孔子。孔子问："夫子何为？"对曰："夫子欲寡其过而未能也。"其意是说，孔子问这个人，蘧老夫子在干什么？这个人回答说，他老人家想减少自己的过错，却还没有能够做到。

弘一法师感叹说："圣贤尚如此虚心，我等可以贡高自满乎？"圣人尚如此虚心，我们凭什么骄傲自满呢？

(2)慎独。

弘一法师说："吾等凡有所作所为，起念动心，佛菩萨乃至诸鬼神等，无不尽知尽见。若时时作如是想，自不敢胡作非为。"

慎独是一种人生境界，是一种修养，也是一种自我的挑战与监督。柳下惠坐怀不乱，曾参守节辞赐，萧何慎独成大事。东汉杨震的"四知"箴言，"天知、地知、你知、我知"，慎独拒礼。慎独是一种情操，是一种自律，更是一种坦荡。

曾子说："十目所视，十手所指，其严乎！"慎独就是要"战战兢兢，如临深渊，如履薄冰"。慎独虽然是古人提出来的，但并没有因时代的更迭变迁而失去现实意义，因为它是悬挂在你心头的警钟，是阻止你陷进深渊的一道屏障，是提升你自身修养走向完美的一座殿堂。

(3)宽厚。

弘一法师说："造物所忌，曰刻曰巧。圣贤处事，惟宽惟厚。"

造物主最忌讳的，就是为人刻薄讨巧。圣贤处事，都是以宽厚为准则。有些人待人宽厚、宽容，便会得到更好的人缘。然而有些人待人刻薄、严峻，如此还想要获得人缘，获得别人的认同，简直难如登天。

（4）吃亏。

古人云："我不识何等为君子，但看每事肯吃亏的便是。我不识何等为小人，但看每事好便宜的便是。"

吃亏的人，终究吃不了亏，吃亏多了，总有厚报；爱占便宜的人，定是占不了便宜，赢了微利，却失了大贵。吃亏是福，不要为眼前的小利失了大义。有位贤人临终时，子孙请教遗训，这位贤人说："无他言，尔等只要学吃亏。"

若一个人处处不肯吃亏，处处只想占便宜，于是，妄想日生，骄心日盛。而一个人一旦有了骄狂的态势，难免会侵害别人的利益，于是便纷争四起，在四面楚歌之中，又焉有不败之理？

（5）寡言。

孔子云："'驷不及舌'，可畏哉！"

弘一法师认为，寡言一条最为重要。所谓"病从口入，祸从口出"，这是大家都知道的道理，可是还是有无数人因口舌给自己带来灾祸。古人说："修己以清心为要，涉世以慎言为先。"弘一法师也很认同说话谨慎这一点。说出去的话，如同泼出去的水，即便事后再怎么弥补，都无济于事。在人际交往中，要做到不传话，不说闲话，不该说的不说，非说不可时，要想好了再说。

（6）不说人过。

古人云："时时检点自己且不暇，岂有工夫检点他人。"孔子亦云："躬自厚而薄责于人。"

这些都是弘一法师引以为戒，时刻不敢忘记的。"静坐常思己过，闲谈莫论人非"。人人都有犯错误的时候，不要戴着有色眼镜看人。说别人的闲话，只会引起别人对你的反感，使你的人品大受影响。

宽厚待人，严于律己，多检讨自己的过失，少找别人的毛病，这样才能少生事端，和谐相处。

（7）不文己过。

子夏曰："小人之过也必文。"弘一法师告诫我们，要知道文过饰非是件可耻的事情。要实事求是，错就是错，对就是对，有错就要改正。不要妄想要

189

小聪明,试图掩饰,掩饰不仅解决不了问题,还会越描越黑。

(8)不覆己过。

弘一法师说:"我等倘有得罪他人之处,即须发大惭愧,生大恐惧。发露陈谢,忏悔前愆。万不可顾惜体面,隐忍不言,自诳自欺。"

弘一法师认为,要是有得罪他人的地方,就要检讨自己,要"发大惭愧,生大恐惧",要主动改正自己的错误。不能为了自己一时的面子,而隐忍不言,那样是自欺欺人。做人要心胸坦荡,对自己的错误,不掩盖,不饰非。

(9)闻谤不辩。

古人云:"何以息谤?曰:'无辩。'"又云:"吃得小亏,则不至于吃大亏。"意思是说,古人说:"怎样才能平息别人的诽谤?答案是不要去辩解。"又说:"能吃小亏,才不至于吃大亏。"

若别有用心的人诽谤你,那么你越辩解,他就越兴奋,越会编造出更多的谎言污蔑你。如果你不去辩解,顺其自然,把他人的诽谤当作耳边清风,那么诽谤你的人觉得没意思了,自然就不会再去编造谎言。弘一法师对此表示:"余三十年来屡次经验,深信此数语真实不虚。"

(10)不嗔。

弘一法师说:"嗔习最不易除。古贤云:'二十年治一怒字,尚未消磨得尽。'但我等亦不可不尽力对治也。华严经云:'一念嗔心,能开百万障门。'可不畏哉!"

谁都知道,发火动怒是不好的恶习,可是谁都在有意无意间,或发雷霆之怒,或动无明之火,这么一来既和自己过不去,又给予别人难堪,实在来说,真不值得!嗔怒是一把伤人的刀,而伤得最重的恰恰是自己。做人要有宽广的心胸,不要被嗔怒之火纠缠。只有心底清静,才不至于被嗔怒之火伤害。

3.用自尊增进自己的德业

弘一法师说:"怎样尊重自己呢? 就是时时想着:我当做一个伟大的人,做一个了不起的人。比如我们想做一位清净的高僧,就要拿《高僧传》来读,看他们怎样行,我们便也怎样行,所谓'彼既丈夫我亦尔'。又比如我们将来想做一位大菩萨,那么就应当依经中所载的"菩萨行",随力行去,这就是自尊。但自尊与贡高不同,贡高是妄自尊大、目空一切的胡乱行为;自尊是自己增进自己的德业。其中并没有一丝一毫看不起人的意思的。"

被尊重是人的心理上的需求,每个人都希望别人能尊重自己,但要想别人尊重自己,首先自己要尊重自己。

有的年轻出家人也认为自己只是一个小和尚,不敢奢望自己能做高僧、做大菩萨,于是就随随便便做事,甚至自暴自弃,最终坠入堕落的深渊,那是很危险的。弘一法师说:"诸位应当知道,年纪虽然小,志气却不可不高啊!"又说:"凡事全在自己去做,只要能有高尚的志向,就没有做不到的。"

慧能父亲早亡,家境贫穷以卖柴为生。一次,慧能卖柴回家的路上听到有人读诵《金刚经》之中的"因无所住而生其心"一句,便萌生学习佛法之念。他去黄梅双峰山拜谒五祖弘忍,由此开始了学佛生涯。

六祖慧能起初只能做一个火头僧,地位很低下。即使在这种情况下,他还是一心一意地钻研佛法,并且严格要求自己,聆听佛法的教诲,揣摩佛法的真意。六祖慧能从来没有自己看不起自己,他自尊自强,不断用自信提升自己的德业。在五祖弘忍大师选禅宗衣钵的继承人时写下了流传千古的偈句:"菩提本无树,明镜亦非台。本来无一物,何处惹尘埃。"

最后,慧能大师成为唐代高僧,禅宗六祖。

弘一大师在他的《青年佛徒应注意的四项》中写道："'尊'是尊重，'自尊'就是自己尊重自己，可是人都喜欢别人尊重自己，而不知自己尊重自己，不知道要想人家尊重自己，必须从自己尊重自己做起。"

滴水穿石，功到自然成。一个人成功的关键在于他的努力程度和之前的积累，积累知识，积累智能，当你积累了足够的能量，就会在一瞬间获得成功。弘一法师说："自强之外无上人之术。"人要自强首先要自尊。一个没有自尊心的人，何来自强？只有自己不断努力，才能取得成功。

一日，一个老道碰到一个拿着木棍的小叫花子，告诉他怎样画一个方框，勤加练习，他日有缘，再相见时就可不必要饭了。老道走后，小叫花子闲来无事，便用木棍刻画那个方框，极尽方框之变化。

时隔不久，老道又碰到一个放牛的牧童，告诉他用那木棍从上到下拉那么一下，若能勤加练习，日后有缘，也就可以不用放牛了。于是，牧童山间放牛闲散之余便用那木棍在地上或宽或窄、或疾或徐拉那一画。

四十年后，老道临终前，把这两个人叫到了一起，合写了一个中字。

这个中字从此成就了书法史上一段佳话。

"只要功夫深，铁棒磨成针"。要想取得成功，就要下功夫。任何一种技术、技巧、学问，要想学会，都需要花很多功夫。一个人要不断地修练自己的内心，让自己沉得住气，静得下心，只要功夫到了，成功自然是水到渠成的事。

《庄子》中有这样一段话：颜成子游对东郭子綦说："自从我听了你的谈话，一年之后就返归质朴，两年之后就顺从世俗，三年豁然贯通，四年与物混同，五年神情自得，六年灵会神悟，七年融于自然，八年就忘却生死，九年之后便达到了玄妙的境界。"一个人做什么事都不要急于求成，只要每天学习一点，进步一点，日积月累，自然会增进自己的德业。

一个人有自尊自然是好事，但是千万不能让自尊变成骄傲。在尊重自己的时候，尊重他人，就能使自己进步；如果只知道尊崇自己，妄自尊大，目空一切,就背离自尊的真意。我们中的很多人,披着自我尊严的外衣,却不仅刺伤了他人,也伤了自己。只有真正做到既自尊,又尊重他人,才能增进自己的德业,取得事业的成功。

4.改掉不好的生活习惯

弘一法师在泉州承天寺讲《改习惯》时说过一句话:"吾人因多生以来之夙习,及以今生自幼所受环境之熏染,而自然现于身口者,名曰习惯。习惯有善有不善,今且言其不善者。常人对于不善之习惯,而略称之曰习惯。"

习惯是一柄双刃剑,用得好,它会帮助我们轻松地获取人生的快乐与成功;用得不好,它会使我们的一切努力都付诸流水,甚至能毁掉我们的一生。好的习惯可以让人的一生发生重大变化。满身恶习的人,是成不了大气候的,唯有拥有好习惯的人,才能够实现自己的远大目标。

弘一法师修行律宗时,对自己要求甚严,但就是这样,他仍然认为自己身上恶习太重。他在《改习惯》这篇演讲中说:"余于三十岁时,即觉知自己恶习惯太重,颇思尽力对治。出家以来,恒战战兢兢,不敢任情适意。但自愧恶习太重,二十年来,所矫正者百无一二。自今以后,愿努力痛改。更愿有缘诸道侣,亦皆奋袂兴起,同致力于此也。"

弘一法师在这篇演讲中提出了七条需要改正的习惯。这些习惯虽是针对出家人而说的,但是对我们也有一定的借鉴意义。这些看似小事的事,若是日积月累下去,必然也会影响一个人的一生。一个习惯的培养并非一朝一夕便可以完成的,它需要经过长期的、反复的坚持,最后才能成为一个不易抛弃的真正的习惯。改正一个习惯,也不是一件容易的事,也需要我们有很强的自制力,并且要长期地坚持下去。

(1)食不言。

饮食不宜分心,一边吃饭一边说话或看书、看电视,或做其他的事情,都会影响食欲和消化液的分泌,久则导致胃病。古人的"食不言,寝不语"告诉我们,进食的时候宜专心致志,才能有助于胃的受纳消化。另外吃饭时说话容易使食物进入气管之中,造成呛咳或气管堵塞,于身体不利,严重时还可能危及生命,不可不戒。

(2)不非时食。

所谓的不非时食,是佛陀为出家比丘制定的戒律,也就是说不能在规定许可的时间外吃东西。人要按规律吃饭,如果吃饭不规律,食量必定倍增,造成胃肠道负担过重,导致胃溃疡、胃炎、消化不良等疾病。

(3)衣服朴素整齐。

现在虽然生活水平提高了,但是勤俭节约的习惯却不能丢。俗话说:"一粥一饭,当思来之不易;半丝半缕,恒念物力维艰。"

(4)别修礼诵等课程。

出家人每日除听讲、研究、抄写及随寺众课诵外,皆别自立礼诵等课程,尽力行之。或有每晨于佛前跪读《法华经》者,或有读《金刚经》者,或每日念佛一万以上者。出家人如此刻苦学习,我们更应该这样。现在社会竞争激烈,学习是提高自己技能的唯一途径。

(5)不闲谈。

弘一法师对出家人聚众闲谈,很不满意,他说:"出家人每喜聚众闲谈,虚丧光阴,废驰道业,可悲可痛!"现在这种习惯已经改了很多。出家人每于食后或傍晚休息之时,皆于树下檐边,或经行或端坐;若默诵佛号,若朗读经文,若默然摄念。

弘一法师认为,出家人不应闲谈来浪费时间,要抓住宝贵的时间去学习。我们没事时,与其聚在一起吹牛聊天,不如抓紧时间学习充电,提高自己的竞争力。

(6)不阅报。

弘一法师认为:"各地日报社会新闻栏中,关于杀盗淫妄等事记载最详。而淫欲诸事,尤描摹尽致。虽无淫欲之人,常阅报纸,亦必受其熏染。"

现在社会,人们已经淹没在信息的海洋中。大量的信息,如泥沙俱下,因此我们要提高自己的分辨能力,不能让不好的信息,影响到我们的身心健康。

(7)常劳动。

弘一法师说:"出家人性多懒惰,不喜劳动。"懒惰是人性中的弱点,好逸恶劳是人的天性。弘一法师认为,出家人已经逐渐改掉过去的习惯,每日扫除大殿及僧房檐下,并奋力做其他种种劳动之事。

劳动是人类的美德,佛陀还曾带领僧侣们一起扫地。因此,我们要进行一些力所能及的劳动,这样对自己的身心健康都有好处。

习惯对一个人是很重要的。奥斯特洛夫斯基说:"人应该支配习惯,而决不能被习惯支配,一个人不能去掉他的坏习惯,那简直一文不值。"

一个人要想取得成功,就要改正坏习惯,养成好习惯。心理上的行为习惯左右着我们的思维方式,决定着我们待人接物的态度;生理上的行为习惯则左右着我们的行为发生,决定着我们的生活起居。

俗话说:"命好不如习惯好。"一个好的习惯,无论其大小与否,带来的影响都将是巨大的,都将有益于你的一生。

5.切切实实持戒

弘一法师说:"可惜现在受戒的人虽多,只是挂个名而已,切切实实能持戒的却很少。要知道,受戒之后,若不持戒,所犯的罪,比不受戒的人要加倍的大,所以我时常劝人不要随便受戒。至于现在一般传戒的情形,看了真痛心,我实在说也不忍说了！我想最好还是随自己的力量去受戒,万不可敷衍门面,自寻苦恼。"

"戒"是用来戒自己的,并不是用来戒别人。学佛的人若不能好好地遵守规矩,守好本分,那就谈不上修行、谈不上是真的佛弟子。"戒"要用在日常生活中,是时时刻刻、分分秒秒不能离开的心念。心不离戒,戒不离生活,这样自然就不会犯错了。若犯了错,再来后悔、补救,那又何必呢？像弘一法师所说的:"是在自寻苦恼。"

人们常说,"受戒容易守戒难"。对一般人而言,确是事实,因为"戒"有防非止恶的作用,可以规范我们的意念、语言及行为。我们不该有的行为、不该说的话、不该做的事、不该有的观念,都不要产生并且去除,这样才不会犯错,才不会伤害我们的身心。所以"戒"可以提醒我们,保护我们。

一天,一群和尚被强盗抢劫。强盗扒光和尚们的衣服,还要把他们杀掉,免除后患。

强盗中有一人了解佛法,他说:"和尚是非常慈悲的,只要用青草把他们捆住就可以了。为了不伤害青草,他们不会动弹,也不会逃走。"于是,强盗把和尚们都用青草捆起来,弃之而去。

和尚们为了守戒,都不肯挣断青草。白天被日光暴晒,又遭到蚊子、牛虻、苍蝇和跳蚤的叮咬;晚上夜出的禽兽在四周走动,野狐怪叫,猫头鹰哭泣,本就荒野的地方顿时变得如地狱一般恐怖,令人不寒而栗。

许多年轻的僧人心中慌乱,怨言四起。老和尚见此情境,说道:"人生短促,比水流还快。即使天上的殿堂,也有崩塌的时候,何况人的生命,更是无常了。大家不必叹息这种无常的生命,要明白持戒的重要,不要挣断青草,更不要因为这样子白白死去后,想再度出生为人很难,就觉得遗憾。其实,我们现在能懂得佛的教义,遵守戒律,才是最珍贵的。"

老和尚又说:"我们的修行,跟现在的状况一样,即使遇到了危险,也要忍耐,甚至要以我们的生命,奉献给高尚的佛法。纵使现在我们能站起身子来,也无处可去,唯有坚守戒律,死而后已。"

年轻的僧众们听了老和尚的话,纷纷端正身体,不动不摇,静静地坐在黑暗的荒野中。

第二天国王出来打猎,看见这群和尚,就命令身边的随从去察看。臣子回报说这群和尚被强盗抢劫了。

国王心想:手上捆着青草,要挣脱不费吹灰之力,然而他们却像祭祀的羊羔一样,一动也不动,这是为了什么?

国王亲自下马询问:"你们身体壮健无病,为何被草捆得不能动弹?是被咒术迷住,还是为了苦行?"

僧众回答说:"纤细的青草非常脆弱,不难挣断。但我们是被金刚戒所捆,才无心去挣断它。挣断草木无异杀生。我们遵照佛法的戒律,才不会挣断它。"

国王赞叹道:"好一群和尚,为遵守戒律,宁可舍弃自己的生命。我也要皈依伟大的释尊,皈依无上的佛法,皈依守戒的僧人。只有皈依才能离开苦恼。"

有的人不明白为何要守戒?他们认为,有很多时候,为了生活,人是没办法守戒的。而也有一些学佛的人在听了很多法之后依然故我,不肯奉行戒法。这是一些善根不足的人,时常会发生的问题,也是一些既想学佛却又戒不掉、改不了坏习气的人,所常犯的毛病。

真正的佛教徒认为,持戒对人生具有重要意义。弘一法师说:"我们不说修到菩萨或佛的地位,就是想来生再做人,最低限度,也要能持五戒。"人要遵守戒律,起码做到"五戒律":杀、盗、妄、淫、酒。

弘一法师认为,戒中最重要的,自然是杀、盗、淫、妄,此外饮酒、食肉易惹人讥嫌。至于抽烟,在律中虽无明文,但在我国习惯上,也是很容易受人讥嫌的,总以不抽为是。

受戒后要持戒,戒就是诸恶莫作,众善奉行;戒就是止恶防非,停止一切

197

诸恶,奉行众善,防止犯错。受戒后要本着"止恶防非,诸恶莫作,众善奉行"
去做,就是持戒。在行为思想上,尽量去做善事,时刻防备自己有不合理、不
合法的思想和行为出现。这就是戒的意义。

6.随时随地做一个道德高尚的人

弘一法师说:"希望我的品行道德,一天高尚一天;希望能够改过迁善,
做一个好人。又因为我想做一个好人,所以我也希望诸位都做好人!"弘一法
师的这种博爱情怀,是他毫无自私自利的心灵的表现。泛爱万物、仁民爱物、
慈爱众生、悲悯众生、化度众生的博爱情怀,表现了弘一法师极为高尚的人
格魅力。

弘一法师在他的《为红菊花说偈》一诗中说:"亭亭菊一枝,高标矗劲切。
云何色殷红,殉教应流血。"这其实是他高尚人格的真实写照。简言之,弘一
法师的人格力量渗透着深广爱心,体现着博大胸怀的崇高德性与非凡才情
的兼备。弘一法师是一个兼有"深广爱心"、"崇高德性"和"非凡才情"的人。

弘一法师出家后,为了潜心修行,给自己约法三章:第一不作住持;第二
不开大座;第三不要名闻利养。弘一法师教诫我们,纵然有少许成就,也要时
时保持一颗谦虚谨慎的心,吃亏是福。学会吃亏,有一颗包容之心,才能成就
大事,心有多大,成就就有多大。弘一法师特别强调:"改过自新言之容易,而
行之至难。"弘一法师的一生,强调约束个人的行为,以谨慎的处世态度,实
现人格修养的不断提升。

弘一法师是一个十分谦虚谨慎的人。在泉州的时候,有一段时间忙于应
酬,对于不得不去的应酬,他十分厌恶。有一个十五岁小孩给他写了一封信,
劝他以后不可常常参加宴会,要养静用功。信中还说起他近来的生活,如吟

诗、赏月、看花、静坐等。弘一法师感叹道："一个十五岁的小孩子，竟有如此高尚的思想，正当的见解。我看到他这一封信，真是惭愧万分了。"自从得到他的信以后，弘一法师就以十分坚决的心谢绝宴会。

弘一法师除了用他的文艺创作来传播爱国思想外，还身体力行地实践着他的爱国情怀。他在浙一师任教期间，为振兴民族经济，带领有识之士发起国货运动，爱国师生纷纷响应。弘一法师率先垂范，告别西装洋服，换上灰色云章布的粗布袍子，穿起布底鞋子，金丝边眼镜也换成了黑的铜线边眼镜。弘一法师把用国货的习惯一直保留了下来，直到出家后还始终沿袭不替，几十年不曾有变。

丰子恺在《李叔同先生的爱国精神》中回忆道："他出家后，有一次我送他些做僧装用的粗布，因为看见他用麻绳束袜子，又买了些宽紧带送他。他收了粗布，却把宽紧带退还给我，还说：'这是外国货。'我说：'这是国货，我们已经能够自己制造了。'他这才收了。"

1937年5月，厦门市举办第一届运动会，筹委会请弘一法师为运动会编撰会歌，弘一法师慨然应允。当时日本侵占东三省，杀我同胞、掠我财富，并阴谋发起全面侵华战争，国家危亡，迫在眉睫。弘一法师在《厦门第一届运动会歌》中宣传："健儿身手，各献所长，大家图自强"，"切莫再彷徨"，"把国事担当"，"为民族争光"！

1937年10月下旬，日军逼近厦门，朋友们劝弘一法师内避，但他坚决不从，并说："为护法，不怕炮弹。"弘一法师在危城厦门给李芳远的信中写道："朽人已于9月27日归厦门。近日厦市虽风声稍紧，但朽人为护法故，不避炮弹，誓与厦市共存亡。吾一生之中，晚节为最要，愿与仁者共勉之。"他在给蔡冠洛的信中又说："时事未平静前，仍居厦门，倘值变乱，愿以身殉教，古人诗云：'莫嫌老圃秋容淡，犹有黄花晚节香。'"

朱光潜先生曾这样评价弘一法师："弘一法师是我国当代我最景仰的一位高士……他正是以出世精神做入世事业的……为民族精神文化树立了丰碑。"弘一法师高尚的人格魅力令人肃然起敬，留给后人无限的景仰。

人生应当有更高的追求，要努力做一个高尚的人。高尚，指道德水平高，指脱离了一般低级情趣，脱离了人性的劣根性，具备勤劳、朴实、大度、英勇、真诚、清廉等优秀品德和美好情操。

意大利诗人但丁说过："一个知识不全的人可以用道德去弥补，而一个道德不全的人却难以用知识去弥补。"因此，我们要提高自己的道德素养，随时随地要求自己做一个道德高尚的人。

第十三课

随缘:咸有咸的好处,淡有淡的味道

1.随遇而安是一种境界

弘一法师出生在富贵之家,青年时代亦有过歌舞升平的奢华日子。出家之后,生活却过得极其清苦,但弘一法师就是能把这种生活和修行统一起来。

有一天,夏丏尊和弘一法师一起吃饭,其中有一道菜非常咸,但弘一法师却没有表现出任何异样。夏先生忍不住问道:"难道你不嫌这咸菜太咸吗?"

弘一法师回答说:"咸有咸的味道!"

吃完饭后,弘一法师手里端着一杯开水,夏先生问:"没有茶叶吗?怎么每天都喝这无味的白水？"

弘一法师又笑了笑说："白水虽淡，但淡也有淡的味道。"

"咸有咸的味道，淡有淡的味道"，弘一法师把佛法应用到了日常生活中，因此他的人生，无处不是味道。一条毛巾用了三年，已经破了，他说还可以再用；住的小旅馆里臭虫爬来爬去，别人要给他换房间，他说只有几只而已。可以说，他是真的做到了"随遇而安"。

东汉末年，社会动荡不安，步骘因避难来到江东。那时他父母双亡，穷困潦倒，后来遇到了和他同年的卫旌，两人结成好友，一起以种瓜为生。他俩白天在瓜田忙碌，夜间则研读经传典籍，都只把眼下的情形当作暂时的境遇。

会稽郡有个姓焦的豪门大族，为人放纵，以欺压乡里为乐，因为他曾经做过征羌县的县令，所以人称焦征羌。步骘与好友卫旌避乱于此，怕日后受其迫害，便不得不到他那里去拜访一下。

当时焦征羌正在屋子里睡觉，步骘与卫旌等了好长时间，也不见他出来。卫旌有些生气，打算离去，步骘劝他说："我们来的目的就是因为害怕他强大的势力，现在如果自命清高，一走了之，恐怕只会结下冤仇，岂不与我们的目的背道而驰。"

卫旌听后，深觉有理，便继续耐心等待。又过了好长时间，焦征羌才打开窗户接见他们，只见他身子斜靠着茶几，在地上摆了两个坐席，让他们两个坐在窗外。卫旌觉得更加耻辱，而步骘却神态自若，毫不在乎。焦征羌吃饭时，在大桌子上摆满了山珍海味，而给他们两个吃的却只是一小盘饭和蔬菜而已，卫旌吃不下去，步骘却大口大口地吃饭，直到吃饱了才辞别出来。

出了焦府大门，卫旌生气地对步骘说："你怎么能忍受这样的怠慢？"

步骘笑着说："贫贱与富贵的时候，都应该随遇而安。我们现在如此贫贱，他以贫贱对待咱们，这有什么羞耻或者光荣之说？"

后来，步骘受到孙权的赏识，官至丞相。富贵之后的步骘依然保持一颗平常心,丝毫没有改变自己俭朴的生活方式,就连穿衣打扮也和一个普通的儒生一样。他教诲子弟手不释卷,做人处世从未有盛气凌人的姿态。

人生中的种种差别其实都是正常的。但面对同样的境遇,有的人会觉得愤愤不平,有的人却能随遇而安,这其实都是境由心生。人间的冷暖,世态的炎凉,都是由我们的心态造成的。

随遇而安并不是让我们消极地等待,随遇而安也并非是要我们听从命运的摆布。更正确地说,随遇而安是寻求生命的平衡。谁能达到这种境界,谁的生活就会更美好,谁的生命就更有质量,在生存中就能活得更自在。

随遇而安是一种境界,有了这种境界,人生就会产生无比强大的力量。谁能做到随遇而安,谁就有宁静的心灵,就能在各种逆境中"失之东隅,得之桑榆"。随遇而安,静观宠辱,人生不可能一帆风顺,须知"塞翁失马,焉之非福"。

俗语说:"不如意事常有八九",我们一生中真正感到自己的生活一帆风顺的时候很少。处在海阔天空的境遇中,就该承认人生际遇不是个人力量可左右的;而在诡谲多变,不如意事常八九的环境中,唯一能使我们不觉其拂逆的办法,就是使自己随遇而安——改变能改变的,接受不能改变的。

《菜根谭》里有一句话:"我贵而人奉之,奉此峨冠大带也;我贱而人侮之,侮此布衣草履也。然则原非奉我,我胡为喜;原非侮我,我何为怒?一个人贫也好,富也好,高也罢,低也罢,都不会是一成不变的,重要的是要有一颗平常心。"

随遇而安,平常心很重要。吃饭时,把饭吃饱;睡觉时,把觉睡好,就是最好的修行。虽然是吃饭、睡觉这些简单的小事,可是究竟有多少人可以舒舒服服地吃饭、安安稳稳地睡觉呢?有的人食不知味,有的人睡不安心。如此一来,人生其他事又怎么能做得好呢?

2.万事需积累，不能急于求成

弘一法师的《笺言录》中记录了这样一句话："好合不如好散，此言极有理。盖合者，始也；散者，终也。至于好散，则善其终矣。凡处一事，交一人，无不皆然。"其意是说，我们做事要善始，也要善终，只有坚持到底，才是真正的胜利，不能因急于求成而半途而废。

"欲速则不达"，急于求成会导致最终的失败。做任何事情都要脚踏实地，一步一个脚印才能逐步走向成功，一口吃不成胖子，心急更是吃不了热豆腐。

急于求成的结果，往往适得其反，最终功亏一篑。在"拔苗助长"的故事中，农夫急功近利，反而适得其反，使他的苗全部死了，落得一个拔苗助长的笑话。任何事业都必须有一个痛苦挣扎、奋斗的过程，正是这个过程将你锻炼得无比坚强并成熟起来。朱熹说："宁详毋略，宁近毋远，宁下毋高，宁拙毋巧。"这对"欲速则不达"作了最好的诠释。

有一位少年，一心想早日成名，于是便拜了一位剑术颇高的人为师。他迫不及待地问道："师父，我多久才能学成？"

师父答曰："十年。"

少年又问："如果我全力以赴，夜以继日要多久？"

师父回答说："那就要三十年。"

少年还不死心，问道："如果拼死修炼要多久？"

师父回答："七十年。"

人的成功要靠积累。"冰冻三尺，非一日之寒；骐骥千里，非一跃之功"。积累使人丰富，使人渊博，积累的能量多了，终有一日会一鸣惊人；积累需要耐心,需要恒心,如果有始而无终,则不能有所作为。

"一日禅"中说:"太想赢的人,最后往往很难赢;太想成功的人,往往很难成功;太想到达目标的人,往往不容易达到目标。过于注意就是盲,欲速则往往不达,凡事不可急于求成。相反,以淡定的心态对之、处之、行之,以坚持恒久的姿态努力攀登,努力进取,成功的几率却会大大增加。"

真正成大事者一定有一份遇事临危不乱、镇定自如的定力,这也是一种智慧的胸襟。孔子曰:"无欲速,无见小利。欲速,则不达,见小利,则大事不成。"任何人在做事的时候,眼光都要远一点,不仅要看到近期的得失,还要看到长远的影响。目光太短浅,有时是要命的缺点。只有凡事不急于求成,才能真正有所成就。

虚尘禅师以佛法度众,为人谦厚,深得民众拥戴,他每每开坛讲法,都听者众多。

有一天,一位小商人向虚尘禅师发火道:"我听了你的弘法后,诚信经营,薄利多销,顾客在逐渐增多,但为什么我的收入还是不能增加呢?"

虚尘禅师不急不躁,微笑着对这位商人说:"有一棵苹果树,它接受了阳光、雨露、养料的滋润,春天花开,夏天结果,秋天成熟。然而成熟的时候,并非所有的苹果都会同时成熟。有些苹果早已熟透了,而有的苹果依旧青青待熟,并非它不会成熟,只是时间还没有到而已。"

商人听完,瞬间醒悟过来。他明白要想有大成就要慢慢积累。于是向虚尘禅师道歉后,便离开了寺院,认真经营自己的生意。

一年后,虚尘禅师收到了这位商人的一个大红包和一封信。他在信中说自己的生意红红火火,以致没有时间亲自到寺院致谢,只好托人送礼以表谢意。

渴望成功的心态谁都能理解,但是你要明白,想要成就一番事业并不容易,因此,不要一开始就盯着成功不放,做事若急于求成,就会像饥饿的人乍看到食物后,会狼吞虎咽地吞食一样,很容易会引起消化不良。

在现实生活中,急功近利的人很多,他们来也匆匆,去也匆匆,却善始不能善终,以至于在他们的人生履历上,除了一个逗号,就是句号了。可见,急于求成,心态浮躁的人,会把最简单、最熟悉的小事都办糟,那遇到大事又该怎么办呢?

人生就是一个不断积累的过程,没有积累,不会学富五车、才高八斗;没有积累,必然是井底之蛙,见浅识窄;没有积累,就不可能有万贯余财、左右逢源。人生的成功也离不开一步步的积累……所以,人人都要学会积累,积累知识,积累经验,积累人生……

闻见既多,积累益富。高楼大厦,也是由一砖一瓦建起来的。同样,人的智慧来自长久的积累,积累使人丰富,积累使人渊博。积累更是一种毅力,是由微小到伟大的必经之路,不急于求成就是简单的积累之道。

3.一切顺其自然,结果反而会更好

弘一法师辑录过这样一句话:"自处时超然达观,待人时和蔼为善。无事时澄清明志,有事时处理果断。得意时平静淡泊,失意时泰然处之。"一切顺其自然,凡事不去强求,就没有什么事能让我们困惑和迷茫的了。有时候,顺其自然的结果反而会更好。

"菩提本无树,明镜亦非台。本来无一物,何处惹尘埃。"这是慧能六祖的一句偈语,弘一法师也很喜欢这句话。在他看来,既然万物皆空,又何必去滋生无穷的烦恼呢?顺其自然,保持一个平和的心态,结果反而可能会更好。

潘天寿原是弘一法师的学生。弘一法师出家后,有一次,他特意到杭州烟霞寺拜见弘一法师,言谈之间流露出想要出家的意愿。弘一法师劝他说:"你以为佛门是个清静的地方,如果把握不住的话,同样也会有许多的烦恼。"潘天寿听了他的话,思考许久,最终打消了遁入空门的念头。

由此可见,对于尘缘未了之人,即便是亲近的好友、学生,弘一法师也不会答应他们皈依佛门。此后,经过自己的努力,潘天寿终于成为一代国画大师。

在现实生活中,很多事情都有自己的发展规律。遵守事物的发展规律,做起事情来会更得心应手,成功的机会就会多一些;违背事物的发展规律,做起事情就会处处受制,处处不顺。但是,总有些人想要按照自己的意愿去改变一些不可能改变的事情,结果往往碰得头破血流,一事无成,最后平添无尽的烦恼。因此,为人做事要放开一些,洒脱一些,让一切顺其自然,这样,成功就会离你越来越近,生活也会越来越轻松。

"顺其自然"与"听天由命"的意义是不同的。"听天由命",是个很消极的词语,意为被动地等待命运的安排。而"顺其自然",是去努力掌握自己的命运,试图扼住命运的咽喉,但是由于客观条件所限,做不到后,也就听天由命了。顺其自然是人生智慧。

凡事只要自然就好,不需要更多的外在的形式!这样可以获得身心的自然安宁、惬意、舒适与安逸,幸福的生活也会随之而来。顺其自然,往往是最好的处世方式。

从前,有一位很有修为的居士。

有一次,他到一所有名的禅院去拜访一位禅师。与禅师见面之后,他们的谈话非常投机,不知不觉已到了午饭时间,禅师便留居士用餐。

侍者为他们做了两碗面条。面条很香,只不过一碗大一碗小。两人坐下后,禅师看了一眼面条,便将大碗推到居士面前,说:"你吃这个大碗的。"

本来按照常理,居士应该谦让一下,将大碗再推回到禅师面前,表示恭敬。没想到的是,居士居然看也不看禅师一眼,便接过面条径自埋头大吃起来。禅师见状，双眉紧锁，很是不悦。而居士并没有察觉，依旧一个人吃得津津有味。

居士吃完后，抬头看见禅师的碗筷丝毫未动，于是便笑问禅师："师父为什么不吃呢？"

禅师叹了一口气，一言不发。

居士又笑着说："师父生我的气啦？嫌我不懂礼貌，只顾自己狼吞虎咽？"

禅师依然没有答话，只是又叹了一口气。居士接着问道："请问禅师，我们推来让去，目的是什么？"

"让对方吃大碗。"禅师终于答话了。

"这就对了，既然让对方吃大碗是最终目的。那么如您所想，争着推来让去，什么时候能将面条吃下肚去？我将大碗面条吃了下去，您心中不高兴，难道您的谦让不是真心的吗？你吃是吃，我吃也是吃，既然这样，那推来让去又有什么意义呢？"

禅师听完居士的一番话，心中顿悟。

人的能力是有限的，对于不能改变的事情，只有顺其自然。有的人，总是有太多的欲望，总是太过于考虑自己的感受，总是按照自己的意志去做事，从来不考虑客观环境的限制，一意孤行，去改变一些不可能改变的事情。结果常常是得到事与愿违的结果，徒增无穷无尽的烦恼。

人生不是比赛，幸福和成功也不需要终点。许多在事业上很成功的人，他们的生活未必就幸福；在生活上过得愉悦自在的人，未必拥有庞大的事业。只要你能认清这一点，你就会肯定一个事实，真正的成功和幸福是能接纳自己和肯定自己，让一切顺其自然。

人生在世，美貌、权力、财富、名誉都不过是过眼烟云，人应该学会顺其自然地活着，越是刻意追求反而会被其所累，迷失了自己。

4.天然无饰,便是本性

弘一法师非常喜欢莲花,他有一把扇子,上面画了一朵白莲。因为莲花"出淤泥而不染",最能表现出天然无饰的本性。弘一法师对莲花赞美道:"只缘尘世爱清姿,莲座现身月上时。菩萨尽多真面目,凡间能有几人知?"

佛教眷恋莲花,在佛教典籍中也多有对莲花赞美的字句。《楞严经》中说:"尔时世尊,从内髻中,涌百宝光,光中涌出,千叶宝莲,有花如来,坐宝莲上。"《维摩经·佛回品》中说"不著世间如莲花,常莲善入于空寂行。"《放诸经要解》中有:"故十方诸佛,同生于淤泥之浊,三身证觉,俱坐于莲台之上。"《大正藏》中亦说:"莲花一香,二净,三柔软,四可爱。"

佛教中认为"人人是佛"。之所以不能人人成佛,是因为人生活在尘世之间,有太多的欲望,从而迷失了自己,如同生活在淤泥中。但是人都有本真的天性存在,如古莲子,千百年之后,仍旧可以发芽开花,香馥如故。佛如莲,佛法如莲,人亦当如莲。

弘一法师出家前正值壮年,人生事业都很圆满,一般人对他的出家还是颇感遗憾的。但他的出家其实是毫不掩饰自己,是本真的天性使然。"只缘尘世爱清姿,莲座现身月上时"一句说出了弘一法师的出家过程。"菩萨尽多真面目,凡间能有几人知"则是弘一法师出家修行后的体会,是自己的真性流露。

弘一法师出家前,曾有一次断食的经历。夏丏尊在回忆弘一法师断食的时候说道:"有一次,我从一本日本的杂志上见到一篇关于断食的文章,说断食是身心'更新'的修养方法,自古宗教上的伟人,如释迦,如耶稣,都曾断过食。断食,能使人除旧换新,改去恶德;生出伟大的精神力量。"

"他的断食,共三星期。第一个星期逐渐减食至尽,第二个星期除水以外完全不食,第三个星期起,由粥汤逐渐增加至常量。据说断食很顺利,不但没有痛苦,而且身心反觉轻快,有飘飘欲仙之象。他在断食期间仍然坚持写字,写字的笔力比平日并不减弱。他说断食时,心比平时灵敏,颇有文思,恐出毛病,终于不敢作文。他断食以后,食量大增,且能吃整块的肉。自己觉得已经脱胎换骨过了,预示借用老子'能婴儿乎'之意,改名李婴。"

老子在《道德经》中写道:"专气致柔,能婴儿乎?"人生之初,犹如一张白纸,无知,无欲,纯真,纯净,纯朴,天然无饰,体现出人的本性。

心地纯净、清洁,就不会被世俗的欲望污染,在人世间活得轻松自在。因为心地纯净,我们能体悟到常人不能体悟的美丽。流泪和欢笑,都是抒发对生命的感动。禅追求的是"天然无饰,便是本性",是把生活看成了一种天然的运动状态。用一颗本真的心,去感受世界,感受生活给予的一切。

水光山色,约三五好友,一壶酒,一张琴,对一溪云,内心自有几分逍遥自在。回归自然,流露天然本性。修禅是对人生的一种冥思顿悟和理解的过程。"坐亦禅,行亦禅,一花一世界,一叶一如来",文章出平淡,书画来远思,"明心见性",才能看清世间万事;心旷神怡,就能感到一些久违的舒适。

佛家说:"心性纯净,不染妄缘就是佛。"

古时候,有一个禅师研修了几年佛法,却不见开悟。一天,大雨之后,禅师骑着毛驴从一座小桥上走过,驴子滑了一脚,禅师从驴背上掉到了河里。

万幸的是,河水不是很深,禅师挣扎了几下,从河里站了起来。这时禅师低下头,看水中映照的被清新的河水洗涤过的自己,突然开悟,仰天大笑,吟道:"我有明珠一颗,久被尘劳关锁。今朝尘尽光生,照破山河万朵。"

人的天真本性,犹如明珠般宝贵。明珠上面布满了红尘之沙,我们看不到它的本来面目。只有拂去心灵上厚积的灰尘,展露心性最初的样貌,才是与佛最接近的时刻。

佛家有云:"能真正做自己的主人,就不会因环境、对象的不同而改变自己。在物欲的追逐中,我们离这原初和本真的东西越来越远了。我们常常自以为只要能够追逐到物质,就有了幸福;获得了大量金钱,就能拥有许多东西。其实,我们连脚下的所踩的那一丁点儿土地也不为自己所有。而眼下的平和与自在却难得在乎,无人拥有。"

尘世的历练让我们的内心不断贴近本真,让灵魂归于成熟稳练,这未尝不是活着的一种至高境界。清淡是生命的内定力,仰仗这股超然之气,我们内心的岛屿必将是一番"风过碧空洗,云白清风轻"的曼妙气场,让清淡出尘成为生命最从容的姿态。

5.淡看世间风光,枯荣皆有惊喜

弘一法师说:"自处超然,处人蔼然。无事澄然,有事斩然。得意淡然,失意泰然。"人生天地间,成功也好,失败也好,都是自然的,既不要欢喜过度,也不要伤心过度。自处时超脱,待人时和蔼,无事时坐得住,有事时不慌乱,得意时保持一颗平常心。世间没有永恒的事物,一枯一荣都有自然规律,一惊一喜都事在必然。

既不要因遇到好的事情而得意,也不要因遇到不好的事情而失意。这也就是我们所说的"不以物喜,不以己悲"。它是一种思想境界,是自古贤人修身的标准。无论外界或自我有何种起伏喜悲,都要保持一种豁达淡然的心态。

著名画家刘海粟和弘一法师曾是好朋友。弘一法师出家后苦修律宗,一

211

次到上海来,许多当上高官的旧相识都热情地招待他住豪华的房子,但他都一一拒绝了,执意要住在一间小小的关帝庙。

同在上海的刘海粟去看望弘一法师,发现他赤着脚穿双草鞋,房中只有一张板床。刘海粟看到这样的情景,心里都难过得哭了,但弘一法师却双目低垂,脸容肃穆。刘海粟求弘一法师赐他一幅字,他只写了"南无阿弥陀佛"。

弘一法师淡看世间风光,遇到什么事都随缘、随心,真正做到了荣枯不惊,穷富日子都能过。他不会因为家庭的变故而在心态上不平衡;又或是觉得自己是富家公子做了和尚,就搞特殊化。弘一法师潜心修行律宗,心在莲池,纵使有风经过,也不会起波澜。出家前,他已名闻天下;出家后,他又通过艰苦研修,成为一代宗师。

老子说:"福之祸之所伏,祸之福之所倚。"好事和坏事是可以互相转化的,在一定的条件下,福就会变成祸,而祸也能变成福。世间万物都有其自身规律,我们不必强求。这告诉我们,得意时不要忘形,失意时不要消沉。弘一法师说:"事当快意处,须转;言到快意时,须住。殃咎之来,未有不始于快心者。故君子得意而忧,逢喜而惧。"意思是说,人在得意时需要打住,静静地内省,不能忘形,以免因此而使自己不慎犯错。

一个人发了财,有了钱,有了地位后,要真的做到"得意而不忘其形",是件非常难的事情,除非他有非常好的修养。人在失意的时候也要立得定,否则一旦没有富贵功名,便意志消沉,整个人就都完了。

人要修炼自制力和控制环境的能力,做到"宠辱不惊,闲看庭前花开花落。去留无意,漫看天上云卷云舒。"而对得意和失意,都能从容面对,这样才算达到了一种境界。

以前在印度有一位皇帝,他带了大臣上山去狩猎。走了一段时间后,觉得肚子饿了,口也渴了,突然,有位大臣看到山上有一棵树,长了很多的果实,又红又大,就把这果子摘下来,送去给皇帝解渴充饥。皇帝拿到这个果子,开始用刀削果皮,稍不注意,把自己的手削掉一块肉,流了很多的血,他痛得要命,便把摘果子的大臣痛骂了一顿。

这位大臣听到皇帝责骂他,马上就说:"大王啊!你破皮流血不一定是坏事情。"皇帝听后大发雷霆,说道:"痛得要命又流血,怎么不是坏事情?你这个蠢材真是和我作对。"于是便把这位大臣赶回去了。

就在这个时候,山上来了一群野人,准备要找一个人去祭拜天神。过去在印度的边疆有一种迷信,每年都要找一个人,用他的心去祭拜天神。这群野人就把皇帝抓起来献给酋长去祭拜天神,酋长命令他的部下,把皇帝的衣服脱掉,正准备要开肠破肚挖心时,忽然看到这位皇帝的手正在流血,觉得这很不吉祥、不庄严,因为这样祭拜天神就失去了恭敬心,于是把皇帝放走了。

这时候,皇帝才觉得大臣所说的是对的,破皮流血不仅不是坏事情,反而救了自己的命,变成了好事情。皇帝非常感谢这位大臣,就赶快回到皇宫。皇帝觉得很对不起大臣,就问道:"我在山上发脾气把你骂走了,你心中恨不恨我?"

这位大臣摇了摇头,说道:"启禀皇帝,我不但不恨你,而且还非常地感激你。"

皇帝疑惑:"为什么?"

他说:"如果你不把我赶走,这群野人一定会把我抓进去开肠破肚,挖了我的心祭拜天神的,所以我非常感谢你救了我一命。"

"塞翁失马,焉知非福",在纷繁的生活中,我们只有具备塞翁的那种"淡看世间风光,枯荣皆有惊喜"的平常心,才能给我们的生活带来和谐。人们总把太多的生活琐事放在心上,升职、赚钱、失败、误会,等等。人们总是想这想那,担心自己担心别人。其实这些压在我们心上的负担是我们自己放上去的,是我们让自己活得很累,让心理、生理都倍感疲劳。

人生如白驹过隙,一闪而逝,人生的际遇也像浮云般聚散不定。荣与枯并不是一成不变的,关键看你用什么样的心态去面对。不管在任何时候,心态都是最重要的。打造一颗"平常心",抱定"淡看世间风光,枯荣皆有惊喜"的一种生活信念的人,最终都会实现人生的突围和超越。

6.得不到的就放手

弘一法师曾对丰子恺说:"世间的形形色色,我们所爱的,所憎的,所苦的,所怕的,所愤的,所悲伤的,乃至令人难以忍受的烦躁、感受、接触,我们要学着包容,它们来了,我们淡然处之;它们从我们身边滑过,我也不可有庆幸之心。"不能放手,是因为没有看破。看破了就不会再执著于小我,就放得了手,也就能步入离苦得乐的解脱之道了。

生活中,再好的东西也有失去的一天,再深的记忆也有淡忘的一天,再爱的人也有远走的一天,再美的梦也有苏醒的一天。所以,得不到的时候就放手。

人对佛说:"我有很多人和事舍不得放手,一直在心中纠结着。"

佛说:"那好,我教你如何放下,你去拿一个玻璃杯来。"

人把玻璃杯拿在手里,佛向杯子倒热水。佛一直不停地倒,直到杯子满了,热水溢了出来。滚烫的水沿着玻璃杯向下流,烫到了人的手,人不由自主地把手松开了,玻璃杯落下,摔了个粉碎。

佛问:"我不是叫你抓住杯子的吗?你为什么放手了?"

人说:"因为水太烫了,我的手都让它烫伤了。"

佛笑着说:"是的,它把你弄痛了,所以你放手了,你现在不是学会放手了吗?"

　　人生在世，每个人都会拥有很多，也会失去很多。学会放手，放开不属于自己的一切，人生也许会变得更加轻松，无谓的执著和坚持只会令自己更加痛苦。遇上该放手的时候，不要欺骗自己，更没有必要为此伤心。懂得放手，人生也许才会更精彩。

　　我们总是会把一些过往，久久地存放在记忆里，经常拿出来回味。即使那些回忆里满满的全是伤痛，你也依然会沉溺其中，不能自拔，那是因为那些回忆里，有你不舍的甜蜜。而我们之所以对这些东西放不了手，是因为我们还能承受得了它们带来的伤痛，一旦哪天我们承受不了这份痛楚了，就自然会像松掉滚烫的玻璃杯一样，把手放开。

　　人这一生，想要的东西实在太多了，然而我们能够得到的却少之又少，对于得不到的东西过于执著，会让我们忽略了自己现在拥有的一切美好，也会给自己带来本不该有的伤害。

　　一位信奉佛陀的人在走到悬崖边时不小心脚下一滑，从悬崖上摔了下来，幸好他及时抓住了崖边的一根树枝。他害怕极了，不停地在心里祈求佛陀能够来救自己，结果佛陀真的出现了。佛陀让这个人放下手中的树枝，可是这个人却依旧把树枝抓得紧紧的，迟迟不肯松手。佛陀见状，摇了摇头说："你自己不放手，谁也救不了你！"

　　放手是解脱，是得救，是大彻大悟后的智慧。人生路漫漫，得失其实也不过如此，想开了，看淡了，结果也就不那么重要了。有的人，有些事，无需太过执著，试着放手，人生将因此而不同。古语云："世事如棋局，不执著才是高手；人生似瓦盆，打破了方见真空。"人生没有完美，幸福没有满分，当执著成为负累，放手就是解脱。

　　不仅是为人处世，对待学习和事业，有时候也要学会放手。对学习和事业锲而不舍地追求是值得称颂的，也是一个人学习和事业取得成功的基本保障。但是，有的人花费了很多的时间和精力，却仍然无法金榜题名或事业成功。这时，与其一味地拖着疲惫的身心向着自己既定的目标艰难跋涉，倒不如就此放手，反而会过得更为轻松。大部分事情是我们通过努力能够实现的，但也有一小部分是我们无论怎么努力都无法实现的。对于那些花费再多的时间和精力也无法取得成功的事情来说，及时放手才是明智的选择。否则，你付出的代价越大，你所遭遇的痛苦就越多。

第十四课

宽心:不要让烦人的琐事纠缠身心

1.不受诱惑,心境更开阔

弘一法师很赞成这句话,"世间色、声、香、味常能诳惑一切凡夫,令生爱著"。他解释说:"'色、声、香、味、触'是五尘,属于物质,再加上一个'法',名为六尘,法属于知识。眼所见者为色,耳所闻者为声,鼻所嗅者为香,舌所尝者为味,身所接触者为触。这都是外面的环境,容易迷惑人,令人生起贪嗔痴慢。为了追求物欲享受,使人生起爱著,一爱一执著,毛病就来了。心被境界所转,即是凡夫。"

人有太多的欲望,要想完全不受外界诱惑很难。诱惑之所以被称为诱惑,是因为其本身就具有很大的吸引力,一旦遇到,没有清醒的心智,理性的思维,很容易陷入其中。如果想拒绝诱惑,就要把心放得远一些,把目标定得更明确。心胸开阔的人,往往目光远大、为人豁达,能够经受住外界的诱惑。

有一个皇帝想在皇宫内修建一座寺庙,于是派人去找了技艺最高超的设计师和工匠,希望能够把寺庙修建得华美一些。

被找来的有两组人,其中一组是由京城里有名的设计师和工匠组成,而另一组则是附近寺院里的和尚。皇帝有点犯难了,一个是建筑的行家,一个是最熟悉庙宇的人,到底谁建的寺庙会更好呢?于是,皇帝决定让他们公平竞争。

皇帝要求两组人在三天内各自去整修一座小寺庙,三天之后,他会亲自验收。

设计师和工匠们向皇帝要了很多的颜料和整修工具;而来自寺庙的和尚则只要了一些抹布和水桶等清洁工具。

三天很快就到了,皇帝启程前去验收两组人员整修的寺庙。皇帝先去看了设计师和工匠们修整的寺庙,他们用非常精美的图案和巧夺天工的手艺将小寺庙装饰得非常华美,皇帝很满意地点了点头。

接着,皇帝去看和尚们整修的寺庙。当他看到眼前的景象后整个人都呆了,和尚将寺庙内所有的东西擦拭得干干净净,使其展示出了它们原来的色彩。天边多变的云彩、随风摇曳的树影,甚至连被工匠们精心装饰得五颜六色的寺庙,都变成了这座寺庙的一部分,而它只是宁静地接受着这一切。

皇帝在这座寺庙面前站立了许久。当然,胜负也就不言而喻了。

外在的浮华是一种诱惑,当用心去沉淀的时候,外在的浮华只不过是如跳梁小丑一样的角色,真正有魅力的是那颗至真至纯的心。设计师和工匠们追求外表的浮华,是想以精湛的手艺取悦于皇帝,而和尚们无欲无求,便能将心放得更远。他们没有拘泥于取悦皇上的庸俗心理,而是将心境放得更远、更纯,所以他们才能将寺庙的本来面目呈现于世人。

世界上最宽阔的是人的胸怀,可以无所不容;世界上最狭隘的也是人的胸怀。胸怀宽阔之人,博爱无边,乐观向上,视野广大,理解人;心胸狭隘之人,悲观、偏激,自负、自私。

人生充满诱惑,金钱、权势、美色等无一不在向我们招手。面对种种诱惑,我们只有心胸开阔,目标坚定,步履才能从容。越是刻意雕琢,可能离目标越远,只有以一份不受诱惑的开阔胸襟去追求,才能有最终的美好与收获。

一天,大鱼问小鱼们:"在一个钓钩上挂着一条又肥又嫩、肉质鲜美的蚯蚓,你们会想什么办法吃到它?"

小鱼们听了,各自挖空心思,绞尽脑汁,构想既能吃到美味的蚯蚓,又不至于丢掉生命的最佳方案。

第一条小鱼欢快地摆着尾巴说:"咬住蚯蚓的一端,使劲猛扯,把它从钓钩上撕扯下来。"

第二条小鱼说:"一点一点地躲避着钓钩慢慢吞食。"

第三条小鱼说:"猛吞钓钩上的美味,然后再快速吐出钓钩。"

大鱼听后摇了摇头,把他们的回答全部给否定了,然后意味深长地说:"不要和诱惑较劲,不要总想着怎样得到它,而应告诫自己要远离,离得越远越好。"

要想不受诱惑,最好远离诱惑,因为诱惑最能激发人的欲望。禅宗有这样一句话,叫做"眼内有尘三界窄,心头无事一床宽"。眼睛里要是有事,心中就有事,人就会把三界看得窄了。三界是什么?前生,此际,来世。只要你眼里的事化不开,心里成天牵挂着,你就会把前生来世、上辈子下辈子都抵押进去。但你若胸怀宽阔,心头无事,用不着拥有多大的地盘,即便是坐在自家的床上,你都会觉得天地无比宽阔,那是因为心境开阔了。

弘一法师劝诫世人:"人生在世,大家都希望有一个幸福快乐的生活,然而幸福快乐由何而来?绝不是由修福而来。今天的富贵之人,或是高官厚禄

219

者,他们日日营求,一天到晚愁眉苦脸,并不快乐。修福只能说财富不虞匮乏,修道才能得到真幸福。少欲知足是道,欲是五欲六尘。无忧无虑,没有牵挂,所谓心安理得,道理明白,事实真相清楚,心就安了。六根接触,六尘境界不迷,处世待人接物恰到好处,自然快乐。"

只有减少欲望,经受住诱惑,开阔心胸,我们才能生活得快乐。

2.珍惜生,却不畏惧死

1942年10月13日,弘一法师于福建安然而逝,正如他的诗句"华枝春满,天心月圆"所写的境界,他由自身修行证实了佛教的生死观,向世人展示了他的践行成果。他临终前写下的"悲欣交集"四字,既是对仍在生死圈围之中的众生的悲悯,也是表达自己对此生未空过的欣慰。

弘一法师活着的时候,珍惜时光,对生有着深深的眷恋,然而这并不代表他畏惧死亡。弘一法师去世的时候很安详,他对自己的一生很满意,因而能够安详地逝世。珍惜生,却不畏惧死就是弘一法师的生死观。

从世俗意义的死亡出发,弘一法师开示人们,在面临老病死的人生情境时,当"才有病患,莫论轻重,便念无常,一心待死"。生老病死是每个人都不能超越的自然规律,然而世人却总是不能参透。因此,佛家将其列入了人生"七苦"之中。看不破生死成了很多人一生痛苦的根源。不仅是人,任何一种生命体都是既有其生,就必有其死的。然而大多数人却厌恶死亡,希望自己能够长生。但是自然规律是不可逆转的,谁也不能享受特殊的待遇,人终难免会死亡。那些看不破生死的人,因为畏惧死亡,便想尽一切办法阻止死亡的到来。而他们的人生就会在这个过程中失去意义。

死是结果,生是过程,既然结果已经注定,为何不好好地享受过程,非要阻挡结果的出现呢？世人之所以会畏惧死亡，就是因为死亡是未知的，从来没有人能够告诉我们人死之后会是什么样子。其实，我们不仅是因为未知而害怕死亡，最重要的是我们眷恋于红尘俗世中的很多事情，就因为放不下，害怕死亡之后，再也不能享受到生活的一切，所以我们总是会拒绝死亡。生与死是人生的两种状态，我们在生的时候做的事情，得到的功名利禄都只能在生的时候享有，只要我们不辜负造物主赋予我们的生命，完成生存的意义，就已经足够了。死亡则引领我们走向另外一种状态，所谓"人死如灯灭"，除了一具尸体以外，什么都留不下，那个时候，什么恩怨情仇都不再是我们所能够掌控的了。

秦始皇雄才大略，统一六国，建立了万世不拔之功业，可说是震烁古今。然而就连这位伟大的英主也惧怕死亡。于是乎，他做出了一个荒诞不经的决定，派人寻求长生不老药。秦始皇派徐福带着3000童男童女到东海去寻药。徐福走后，他还曾经亲自到东海去观望。他知道徐福未必能够成功，于是做出了两手准备。他为自己建造了一个举世罕见的陵寝，梦想着死后还能在他的地下王国里继续称王。

佛教从不忌讳死亡这个话题。面临死亡，人们通常会惊恐不已，患得患失，其心难静，而佛教教给人的是直面死亡，迎接死亡，超越死亡，所谓"当生大欢喜，切勿怀忧恼，万缘俱放下，但一心念佛。往生极乐国，上品莲华生，见佛悟无生，还来度一切"。弘一法师教导人以"无常观"来消解死亡带来的种种恐惧，以诚心念佛来提升生命末期的质量，以等待西方三圣接引来保持平和安宁的身心状态。

对于世上那些不畏惧死亡的人来说，他们并非是真的不畏惧死亡，而是觉得生无可恋，对生已经失去了兴趣。这样的人比之那些畏惧死亡的更加可恶。上天赋予我们生命，我们就应该好好地生存下去，无论是怎样的生活，我们都应该坚持，静静地等待死亡的到来。选择提前结束自己生命的行为，是对生命的不负责任,是对生命的亵渎。

有一句话叫"生下来容易,活着难"。的确如此,活着不是一件容易的事情,上天赐予我们生命的同时,也会给予我们诸多的磨难,这些磨难不是为了让我们生活得困难,而是为了让我们生活得更加有意义。放弃生命不是看破红尘,而是缺乏生存的勇气。

万物轮回,有生就有死,无论是厌恶死亡,还是厌恶生存的人,都是因为没有找到人生的意义所在。生命的意义不在于追求长生,而在于接受死亡。

一个人只有在了解了生命的价值,知道了生存的意义和明白了自己的生活方向之后,才能真正地看破生死。看破生死不仅仅是指不畏惧死亡,更为重要的是我们要懂得如何活着。造物主给予了我们生命,我们应该怀着感恩的心来安排自己的人生。真正的死亡的主宰者是接受自己必死的现实,以平常之心对待生死,而死亡恰恰又是另外一个开始,这就是所谓的"方生方死,方死方生"。

3.面对挑衅不生气

弘一法师说:"人褊急我受之以宽容,人险仄我待之以坦荡。"弘一法师就是一个为人非常宽容的人,面对别人挑衅,他以宽容对待。有人说:"他已经修得内心有德了,他感人,一看那相,你就受感动,他永远也不发脾气,永远是那样子。只是,你惹着他了,他本来是该生很大气,他不生气,他只是不说话。"

面对别人的挑衅不生气,需要有容忍宽厚的胸怀。佛说:"以恨对恨,恨永远存在;以心爱对恨,恨自然消失。"拥有宽容就是拥有一颗善良、真诚的心。宽容和忍让是人生的一种豁达,是一个人有涵养的体现。宽容和忍耐不是无能,而是气度和胸怀的展现,是对人对事的包容和接纳。

在妙善禅师的金山寺旁有一条小街,街上住着一个贫穷的老婆婆,与独生子相依为命。偏偏这个儿子忤逆凶横,经常呵骂母亲。

妙善禅师知道这件事后,便常去安慰老婆婆,和她说些因果轮回的道理。因此,老婆婆的儿子非常讨厌妙善禅师常来家里。

有一天,老婆婆的儿子起了恶念,他悄悄拿着粪桶躲在门外,等妙善禅师走出来,便将粪桶向禅师兜头一盖,刹那间,腥臭污秽的粪尿淋满了禅师全身,引来了一大群人看热闹。

妙善禅师既不气也不怒,一直顶着粪桶跑到金山寺前的河边,才缓缓地把粪桶取下来,旁观的人一看到他的狼狈相,更加哄然大笑,妙善禅师毫不在意地说道:"这有什么好笑的?人身本来就是众秽所集的大粪桶,大粪桶上面加个小粪桶,有什么值得大惊小怪的呢?"

有人问他:"禅师!你不觉得难过吗?"

妙善禅师道:"我一点也不会难过,老婆婆的儿子以慈悲待我,给我醍醐灌顶,我正觉得自在哩!"

后来,老婆婆的儿子为禅师的宽容感动,改过自新,向禅师忏悔谢罪,禅师欢欢喜喜地开示他。受到了禅师的感化后,他从此痛改前非,以孝声闻名乡里。

弘一法师说:"涵容是待人第一法。"法师一直以来奉行的是涵容待人,以慈悲为怀。在弘一法师看来,涵容是不可多得的雅量,是修行必需的德行;涵容也是人们生活中的行事法则。耶稣说:"爱你的敌人。"一个人即使再坏,也一定有值得人同情和原谅的地方。宽容是一种让人尊敬的行为,宽容的人,能容纳世界,因为他有一颗比世界还要宽广的心。

能涵容别的挑衅是可敬的,宽恕一切,容纳一切是一种极高的美德。古人说:"将军额头能跑马,宰相肚里撑舟船。""忍一时风平浪静,退一步海阔天空。"宽容是壁立千仞的泰山,是容纳百川的江河湖海。

"海纳百川,有容乃大"。古今中外,凡成就大事之人,都是具有包容心和懂得宽容的人,一个人只有容得下他人,才能更好地与他人合作,才能与他人一道成就自己的事业。

面对别人的挑衅,我们之所以会生气,是因为我们感觉受到了侮辱,我们感觉到痛苦。只有面对别人的挑衅不生气,才能与痛苦拉开距离。世界是不圆满的,不圆满就会有不如意,不如意就会有辱。佛教认为,一切不如意就是辱,一切痛苦就是辱,只有能够忍辱的人,才能远离痛苦。

遇到别人的挑衅,就是受到了辱。受辱的后果就是生气。当一个人生气的时候,他的无名怒火就把自己烧得心焦如焚、坐立不安,说出的话,做出的事,就像一把把锋利的刀子,狠狠地去伤害别人。弘一法师在《晚清集》中记录:"嗔恚之害,则破诸善法,坏好名闻,今世后世,人不喜见。"

遇到挑衅就生气,不但会伤害到别人,更容易伤害自己。有一首《莫生气》的歌唱得好"……为了小事发脾气,回头想想又何必,别人生气我不气,气出病来无人替,我若气死谁如意,况且伤神又费力……"

要想遇到挑衅时不生气,就要做到,世事看开一点,家事包容一点,做事忍让一点,心事淡泊一点,错事收敛一点,对人礼貌一点,对人少说一点,生活开心一点。

4.停止为鸡毛蒜皮的事烦恼

弘一法师在《格言别录》中说:"不为外物所动之谓静,不为外物所实之谓虚。"不为外界的事物干扰,我们就能心地清静,减少很多烦恼。弘一法师出家后,潜心修行佛法,从不为一些鸡毛蒜皮的小事的干扰而烦恼。

弘一法师出家后，生活清苦，但是他从不计较，更不会有烦恼。饭菜的咸淡，衣服的新旧，用具的好坏等，在他看来都是鸡毛蒜皮的小事。他一心研修佛法，宣扬佛法，对这些小事从没有烦恼过。当别人看不过去，劝他的时候，他还说"挺好的，挺好的"。

人的时间和精力都是有限的，为一些鸡毛蒜皮的事情而烦恼，就是在浪费生命。著名的心灵导师戴尔·卡耐基认为，许多人都有为小事斤斤计较的毛病。人活在世上，只有短短几十年，却浪费了很多时间去愁一些可有可无的小事。一个人会觉得烦恼，是因为他有时间烦恼。一个人会为小事烦恼，是因为他还没有大烦恼。

某个夏日，曹山禅师问一位和尚："天气这么热，要到什么地方躲一躲好呢？"

"到热汤炉火里躲避吧！"和尚说。

"热汤炉火里怎么躲得了热呢？"曹山不解。

"在那里，诸种烦恼都不会有啦！"和尚答。

天气这么热，意味着烦恼。若遇到大烦恼，原先的小烦恼根本就不算什么。被热汤炉火烫死后，就什么烦恼都没有了。

一个为鼻子长得太塌而烦恼的人，在知道自己得了肝癌后，便不再为鼻子太塌而烦恼了。当他死亡的那一刹那，那更是什么烦恼都没有了。死亡是最大的烦恼，但也是最后的解脱，"你还没死"，何必为一些小事烦恼！

我们浪费太多的力气在小事上面，反而无暇注意生命中更美好、更伟大的事物。《劝忍百箴》中认为："顾全大局的人，不拘泥于区区小节；要做大事的人，不追究一些细碎小事；观赏珍贵玉石的人，不细究它的小疵；得巨材的人，不为其上的蠹孔而怏怏不乐。"纠缠在小事之中摆脱不出的人，只会令自己更加苦恼。

　　工作生活中，我们常常会为一些小事烦恼，而这无疑是在浪费我们宝贵的生命。一旦我们将省下的精力用在该用的地方，可能会获得莫大的回报。英国著名作家迪斯雷利说："为小事而烦恼的人，生命是短促的。"人只有短短的几十年可以活着，但我们却为一些鸡毛蒜皮的小事浪费了太多的时间，这是多么可怕的损失。

　　千万不要上当，这些小事只想要把我们绑住，耗损我们的心力，以至于无法专注其他更重要的事情。下次再碰到不如意的事时，用旁观者的心情，冷静地看待这些事，超然于这些事情之上。

　　一位空军飞行员在谈到他在空中翱翔的感受时说："当我从高空往下望，看到人如蚂蚁、屋如火柴盒时，发觉一切事物都是那么的微不足道。下了飞机后，整个人就开朗多了，很多从前想不开的事情，都已经不再那么在乎了，也不再那么计较了，因为心境已全然不同。"

　　当你面对不如意的事情，拉高视野，向下望一望时，不觉得那些小事都很好笑吗？想一想，再过了几十年，谁还会记得这些呢？

　　有一个人夜里做了个梦。在梦中，他看到一位头戴白帽，脚穿白鞋，腰佩黑剑的壮士，向他大声叱责，并向他的脸上吐口水，吓得他从梦中惊醒过来。

　　次日，他闷闷不乐地对朋友说："我自小到大从未受过别人的侮辱，但昨夜梦里却被人辱骂并吐了口水，我心有不甘，一定要找出这个人来，否则我将一死了之。"

　　于是，他每天一早起来，便站在人潮往来的十字路口，寻找梦中的敌人。然而几星期过去了，他仍然找不到那个朝他吐口水的壮士。

　　为小事抓狂，和别人闹翻脸，甚至大打出手的事例几乎每天都在上演。人就是这种奇怪的生物，有时为一句话可以与朋友反目为仇，为一件小事争争吵吵。其实，在生活中，无论是和朋友还是和亲人相处，多一些理解和宽容，少一些计较；多一些赞扬，少一些指责，那么生活中就会多出许多笑容，少了许多抱怨。

人生不如意事十有八九,不可能事事都顺,我们没必要为一件件小事烦恼,有人说:"当你开始为那些已经过去的事情烦恼的时候,你应该想到这个谚语,'不要为打翻了的牛奶而哭泣'。"

遇到事情时,我们要学会调整心态,不要太过执著。其实,烦恼大多来自一些无谓的小事,学会用一颗宽容、乐观、豁达的心去对待,也就能毫发无损地过去了。日子总是在前进,好也一天,烦也一天,既然这样,倒不如多看看生活中美好的一面,让自己快快乐乐地生活。

只要我们能够以一种平和的心态面对生活中的一些琐事,那么,我们就能享受到生活本应有的快乐与幸福。凡事看开一些、看透一些、看远一些、看准一些、看淡一些,运用我们的人生智慧,去保持一种超然淡泊而又洞若观火的心境,就必然不会再为小事而烦恼。

5.学会欣赏别人的长处

弘一法师说:"多看别人的长处,越看越会顺眼,越处越会融洽。"世界上没有完美的事物,也没有完美的人,每个人都有各自的长处和短处。如果只盯着别人的短处看,越看越一无是处。学会欣赏别人的长处,包容别人的短处,就离成功不远了。

即使在修行中, 弘一法师也要求弟子们, 不管修习佛法中的哪一个宗派,都不应该存在门户之见,因为任何宗派之间都有相关联的地方。若能取各宗派的长处,将会大大有利于修习和研究,也会获得更多的智慧。

弘一法师说:"强不知以为知,此乃大愚。本无事而生事,是谓薄福。"我们每个人都有一定不同的知识面,没有哪个人能精通全部的知识,因此无论何时都应该虚心地向一切有长处的人学习,这样,人才会不停地进步。如果狂妄自满,那就是夜郎自大。这其实是世间愚蠢至极的表现。欣赏别人的长处,是谦虚,是心胸开阔的表现。只有欣赏别人的长处,学习别人的长处,才能使自己不断地进步。

有一只羊和一只骆驼是好朋友,它们一个高,一个矮。

有一天,它们一起去公园里玩,说着说着就谈起高好还是矮好的问题。

骆驼说:"当然是高好,你看,再高的树叶我也能够得着。"说完,它一抬头就吃了一口树叶,羊伸长脖子却怎么也够不到一片树叶。

羊不服气,走到公园的一个栅栏门口,羊一拱身子就进去了,一边吃起里面的青草一边说:"还是矮好吧,你看,这里的草多嫩啊。"骆驼趴下身子,使劲往里钻,也没能够吃到里面的青草。它们互相不服气,便一起去找老牛评理。

老牛说:"高有高的好处,矮有矮的好处,我们不能只看到自己的长处,看不到别人的优点。"羊和骆驼这才明白,尺有所短,寸有所长,发现别人的长处、优点,才能取长补短,做好事情。

一个善于欣赏别人长处的人,会在不知不觉中成为一个胸怀宽广的人,一个好学上进的人,一个热忱友善的人,一个受人欢迎拥有许多朋友的人。要多欣赏别人的长处,少指责别人的不足,要学会用别人的长处来弥补自己的短处。

要真诚地去观察身边每个人的长处,和大家在一起的时候,观察到这些长处后要去欣赏对方。从社会心理学的原则上来说,你喜欢、欣赏的人,他才会反过来欣赏你、接受你,但前提是你得用真诚的眼光去观察别人。只有学会欣赏别人的长处,才能与别人友好相处。

有人曾问美国钢铁大王卡耐基,如何与那些有缺点的人相处。卡耐基回答说:"很简单,只需盯住他们的优点,并努力忘却他们的缺点。"

有人不理解,卡耐基又形象地说:"与人相处,就像是挖金子。如果你想要挖出一盎司的金子,就要挖出成吨的沙子。可是你在挖掘的时候,你关注的焦点是什么?你只是想得到一盎司的金子,并不想要那成吨成吨的沙子,但你不能嫌弃这些沙子,因为金子就藏在其中。同样道理,与人相处,是为了从别人那里学到一些东西,如果你想要在人和事身上寻找缺点和错误,你会极其容易地找到许多,喜欢挑剔的人,即使在天堂里也能随时找到毛病。因此你必须清楚,你要寻找的是什么。"

一个穷困潦倒的青年,流浪到了巴黎,期望父亲的朋友能帮助自己找到一份谋生的差事。

"数学精通吗?"父亲的朋友问他。

青年摇摇头。

"历史、地理怎样?"

青年还是摇摇头。

"那法律呢?"

青年窘迫地垂下头。

父亲的朋友接连发问,青年只能摇头告诉对方——自己连丝毫的优点也找不出来。

"那你先把住址写下来吧。"

青年写下了自己的住址,转身要走,却被父亲的朋友一把拉住了:"你的字写得很漂亮嘛,这就是你的优点啊,你不该只满足找一份糊口的工作。"

数年后,青年果然写出享誉世界的经典作品。他就是家喻户晓的法国18世纪著名作家大仲马。

欣赏别人的长处是免费的,但它却可以点燃他人的梦想,会让他人发现一个全新的自己,被欣赏者会产生自尊之心,奋进之力,向上之志,因此它也是价值连城的。学会用一双发现美的眼光,去挖掘别人的长处和优点,并加以赞赏。

当你学会欣赏别人的长处时,你就会发现每个人都有可爱的地方。学会用欣赏的目光观察世界,你会发现许多突然的美好。学会欣赏别人的长处,会使我们的胸襟更加博大,生命中也会出现更多的美丽与惊喜。

6.要有从善如流的胸襟

弘一法师说:"成功之人,大多能与人为善,从善如流。"弘一法师作为一个德高望重的高僧,对于别人指出自己身上的不足,他仍能虚心接受。

1938年初冬,弘一法师到了泉州,为泉州人说法,会了几次客,赴了几次斋宴。他参加活动的新闻经常见报,各方都感到欢欣。李芳远看到报纸后,却给弘一法师写了一封信,指出他已经变成了"应酬和尚",并劝他闭门静修。

弘一法师十分感动并深感惭愧,他在泉州承天寺佛教养正院同学会上提及此事,表示忏悔,称自己自从接到李芳远的信后,便谢绝宴会了。

要做到从善如流并不容易,要有宽广的胸怀。能虚心接受别人的批评,是一种美德。"良药苦口利于病,忠言逆耳利于行",这句贤文是说,良药多数是带苦味的,但却有利于治病;而教人从善的语言多数是不太动听的,但有利于人们改正缺点。

当别人认真提出意见时,大都是从为你好的角度出发。因此,我们要开阔心胸,认真听取别人的意见,好的意见要及时采纳。你只有做到细心聆听才会得到好的意见。对自己不抱好感的人是不会主动提出任何意见的,所以尊重对自己提出宝贵意见的人。

虚心接受他人的意见对自身修养也有帮助,能看清自己的不足,从而改善自己,完美自己,展现更好的自己。虚心听取他人的意见,聪明的人会变得更加睿智。

秦朝末年,刘邦率军攻入咸阳,推翻了秦朝的统治。刘邦进入秦宫后,见宫殿高大雄伟,美女、珠宝不计其数,心中产生了羡慕之情,想全部据为己有。大将樊哙劝刘邦最好不要这样做,刘邦很不高兴。

谋士张良对刘邦说:"秦王之所以不得人心,失去天下,原因就在于他穷奢极欲。现在您刚入秦宫就想像秦王那样享乐,岂不坏了大事?樊哙的话可是忠言啊!忠言逆耳利于行,良药苦口利于病,您还是听樊哙的劝告吧!"

刘邦听了深有感触,立即采纳了樊哙的意见。接着,刘邦又传令废除秦朝苛法,还约法三章:"杀人者死,伤人及盗抵罪。"刘邦不仅分毫未动秦宫的财宝,而且撤守灞上,深得秦人的拥护。

刘邦文不如张良、萧何,武不及项羽、韩信,然而他却能取得天下,开创了大汉朝,这和他能虚心听取别人的意见是分不开的。别人对刘邦提出意见,他认为是对的时候,马上就采纳。采纳别人的意见,也是对别人的尊重,以后别人也乐意提出意见。

有胸襟和智慧的决策者,总是能够接受批评性意见。批评性意见往往是决策者当初的思考所没有触及的"另一面"。开阔胸襟,允许批评性意见入耳入心,顺着别人的思路、站在别人的角度去思考,往往会有恍然大悟之感。

孔子都说:"三人行,必有我师焉。"更何况我们这些凡夫俗子呢?把别人合理的建议当做成功的垫脚石,一块一块向上增添,终有一天你会到达理想的高度。只有集思广益,虚心听取别人的意见,才可不断地纠正错误,取得进步。

有一次,有位大臣送给唐太宗一只鹞鹰,唐太宗非常喜欢。一天,唐太宗在朝上正逗鹞鹰玩的时候,忽然见魏征老远地走来,就赶紧将鹞鹰一把从胳臂上揪下来藏掖在怀里,想等魏征走了再放出来玩,可是魏征禀奏的公事特

231

别多,说了很长时间还没说完。唐太宗心里又急又气,可又不敢直说,结果那只鹞鹰竟然憋死在他怀里。

还有一次,唐太宗退朝回来,怒气冲天地对长孙皇后说:"总有一天朕要杀了这个乡巴佬!"长孙皇后询问原因,唐太宗仍然气冲冲地说:"魏征总是当众侮辱朕,跟朕对着干。"听明白了事情缘由后,长孙皇后悄悄地退了下去。

不一会儿,只见长孙皇后穿着朝服,恭恭敬敬地向唐太宗参拜。唐太宗丈二和尚摸不着头脑,吃惊地问:"皇后这是干什么?"

长孙皇后严肃地说:"我听说一句古话叫'主明臣直'。如今魏征正直敢言,不正是由于陛下您英明的缘故吗?我怎敢不祝贺皇上呢!"

一听这话,唐太宗不仅不生气了,反而高兴地笑了。

大唐国力逐渐强盛之后,魏征见唐太宗不如初期那样励精图治,于是上了一道有名的《十渐疏》,希望唐太宗戒骄戒躁,励精图治。唐太宗读后十分感动地说:"希望你能继续直言得失,朕一定会虚怀若谷,恭敬地等待你的批评意见。"

魏征去世时,唐太宗悲痛万分,说自己失去了一面鉴戒的镜子。

只有胸襟开阔,才能接受别人的意见;同时别人也敢于提出意见。能听取别人意见的人,才得到别人的帮助;刚愎自用的人,最后都成了孤家寡人,避免不了失败的命运。

一个能够开创一番事业的人,一定是一个心胸开阔的人。人要成大事,就要有开阔的胸怀,只有养成了坦然面对,从善如流,包容一些人和事的习惯,才会取得事业上的成功与辉煌。

第十五课

从容：气显于外，不如内敛于胸

1.心浮气躁百事不成

在弘一法师编订的《格言别录》中有一句话："敬守此心，则心安。敛抑其气，则气平。"弘一法师告诫我们，做什么事都不可浮躁，否则只能自食其果。浮躁的人精力不能集中，不能静下心来思考问题。做事时一遇到困难，就容易打退堂鼓，自然也就难以取得什么成就了。

美国成功学家马登说过："马马虎虎，敷衍了事的浮躁心态，可以使百万富翁很快倾家荡产。"做事心浮气躁使我们失去的不仅仅是一种认真的态度，而且是一个成功结缘的机会。只有改掉浮躁的毛病，我们的人生才能焕发光彩。

沁阳位于河南省西北部,北依太行,南眺黄河,西邻山西省。而泌阳位于河南省南部,驻马店市西部,南阳盆地东隅。境内伏牛山与大别山两大山脉交汇。

两个地方均在河南省境内,而且均属于山区或浅山区,可是二者所处地理方位却一南一北,相距千里之遥。然而,两个地方名字的书写仅有一撇之差,为此,它曾改变了当年倒蒋浪潮中的中原大战的战局。

1930年5月初,蒋介石与冯玉祥、阎锡山大战中原,双方共投入了100多万兵力。冯、阎为了联合讨蒋,预先商定双方军队在河南北部的沁阳会师,集中兵力一举歼灭驻守河南的蒋军。但是,由于冯玉祥的作战参谋在拟定作战命令时,错把"沁阳"写成了"泌阳"。

一撇之差,使冯军挥戈南下误入泌阳,导致会师泡汤,贻误了聚歼蒋军的有利战机,使蒋军化险为夷,取得了主动权。"沁"字心上多一撇变成了"泌"字,加一毫厘,谬以千里,最终导致冯、阎联军的败北。

一字之差,导致一场战争的失败,从而改写了历史。马尔登说:"浮躁、粗心、草率这样一些评价送给生活中成千上万的失败者毫不为过。"生活中的很多人,都是因为心浮气躁、做事不认真,因此什么事都干不好。

心浮气躁的人为获得及时的满足而缺乏奋斗的耐性,盲目追随潮流而丧失自立性的选择,追求感官刺激而忽视精神生活的充实,任凭感觉行事取代了思考的作用。在学习上不求甚解,浅尝辄止;工作上拈轻怕重,眼高手低;做事急功近利,做人玩世不恭;听不得批评,也经不起挫折。工作稍不称心如意就跳槽,安全事故层出不穷,婚姻中有点摩擦便分道扬镳,等等。浮躁对人有很大的危害。

有人说:"现在人要求速度,什么都要快,快到心浮气躁。稳重没有了,当然智慧也就没有了,有的都是一些知识,所以问题出来了。头一个出状况的是身体,很多疾病,在年轻的时候就很明显。在古时候,人有疾病多半在老年,中年、壮年不会出状况,而现在出状况最多的却是青年人。"观察现在的社会，浮躁确实产生了很多问题，不能不引起我们的重视。

法国作家大仲马有一个朋友，他向出版社投稿时经常被拒绝。这位朋友无奈之下，就来向大仲马求教。

大仲马的建议很简单，他让他的这位朋友请一个职业抄写人把他的稿子干干净净地誊写一遍，然后再把题目做些修改。

这位朋友听从了大仲马的建议，果然不出所料，不久后，这位朋友的文章就被以前一个拒绝过他的出版商看中了。

由此可见，再好的文章，如果书写得太潦草，谁会有耐心去拜读呢？

每一个成功的人士都是认认真真，兢兢业业，从一点一滴做起的。做事认真能帮助一个人获得成功，而心浮气躁的人，则与成功无缘。

只有做事认真了，别人才会尊重你，也不敢小看你。长期这样坚持下去，就会养成一种做事认真的习惯，这种习惯是你取得事业成功的基础。

心浮气躁的人做事心神不定，缺乏恒心和毅力、见异思迁，急于求成，不能脚踏实地，是成功、幸福和快乐最大的敌人。浮躁使我们茫然不安，无法宁静，它能渗透到我们的日常生活和工作中，也是产生各种心理疾病的根源。

我们要努力拭去心灵深处的浮躁，真正静下心来，认真地去学习、工作，才能取得事业的成功，才能找到幸福和快乐。

2.事到临头,要避免惊慌失措

弘一法师语录中有一句话:"无事时,戒一偷字。有事时,戒一乱字。"意思是说,没事要戒掉苟且敷衍的毛病,有事要避免惊慌失措。很多人遇到突发事件都会惊慌失措, 这样不但于事无补, 还有可能把事情办得更糟。弘一法师用"有事时,戒一乱字"来告诫我们,遇事要冷静,且不可惊慌失措。

有时候人犯错误,并不是能力不足,而是因为遇事不够沉着冷静。人一旦不够冷静,就不能做出正确的判断,必然会做出错误的举动,这就是很多人犯错误的原因。"有事时,戒一乱字"就是强调,无论发生什么事情,始终都保持灵台一片空明,这样,再大的困难,都有可能想出妥善的解决办法。

历史上遇事不惊慌失措,冷静处理,而做出惊人之举的事例不胜枚举。他们所做的事,小的挽救一个人的生命,大的挽救国家,赢得战争,改写历史。司马光砸缸救人的故事,家喻户晓,耳熟能详;诸葛亮在大兵压境之时,退无可退,逃无可逃之时,不慌不乱,沉着应战,演出了一出空城计,吓退司马懿大军,成为美谈;淝水之战中,谢安遇事不慌乱,冷静思考,从容应对,成为千古传咏的佳话。

公元前383年的冬天,寒风呼啸,大地呜咽,东晋京城一片惊慌。前秦的首领符坚凭借自己的雄兵百万,战将千员,发兵攻打东晋,立志扫平江南。东晋当时的皇帝孝武帝司马曜令谢安统领八万人马抗击秦军。

谢安在大军压境之际一如既往地下棋,弹琴,饮酒,作诗,闭口不谈大战之事。领军大将谢玄是他的侄儿,看到叔叔如此,不禁心中焦急万分,忙到谢安的帐中询问叔叔的破敌计划。谢安只是随口说了句"到时再说吧",接着就什么都不说了。谢玄回去后坐立不安，就又和谢石、谢琰同去看望谢安。

三人进得府来，谢安就知三人是为大战之事而来。然而谢安却闭口不谈御敌之事。谢安从从容容，好像没事一样，邀请他们一同去东山别墅游山玩水，并摆下了棋盘，与兄弟和子侄轮流下棋。谢安不慌不忙，行棋如行云流水，下得潇洒自如，得心应手。然而其他三个人却心神不安，棋下得前后矛盾。一个个就都败下阵去。

这下，三人深受谢安的感染，知道谢安定是胸有成竹了。回去后，各司其职，各练其兵，兵民们一看，也是人不慌，国不乱。军民上下，严阵以待，在淝水两军的大决战中，晋军彻底打败了秦军，获得了淝水之战的决定性胜利。

事到临头，已无可避免，惊慌失措只会自乱阵脚，唯有冷静思考，方有应对之策。作为普通人，我们不能彻底地割舍七情六欲，因此，在很多事情上，难以保持冷静是正常的，这也是为什么成功的人总是那么少的原因。一个人若是没有沉着冷静的应对事情的能力，即使能够成功，这份成功也必然不能长久。我们要培养自己沉着冷静的处事能力，使自己做到"泰山崩于前而面不改色"，这样就一定能够成功。

面对困难和逆境的时候，必须保持头脑的清醒，不被任何带有感情色彩的东西所牵绊，不受到外界的任何影响，只有这样才能保持冷静，保持正确的判断力；也只有这样，才能在困难中找到解决困难的方法。

遇事从容镇定，才能逢险急中生智，而且要不动声色，才能化险为夷。俗话说，"忙中无计"，"忙中出错"。人在忙乱之中会容易失去判断能力，思考能力。只有沉着冷静，才能积极思考应对之策，避免自己受到伤害。

明朝时期，张崛峡在滑县担任县令。一天，两个江洋大盗冒充锦衣卫前来拜访张县令，他们趁张县令不注意时挟持了他，向他勒索钱财。张县令明白了他们的来历之后，竭力让自己恢复平静，对强盗说："你们是为了钱财，而不是我的命；我也不会因为那点身外之物就不顾身家性命。你们最好还是冷静些,如果暴露了,反而对你们不利!"

张县令又说:"虽然公库的金子多,但是看管严格。一旦被人发现,对你们也没有什么好处,我的官职恐怕也保不住。我看不如这样,我以自己的名义向有钱的朋友借贷,你们觉得怎么样?"两个强盗觉得有道理,就欣然同意了。

张县令要下属刘相前来说:"这两位是锦衣卫。我不小心得罪了朝廷的一位大臣,现在有一个莫须有的罪名,要把我抓去。他们两个非常仁义,想放我一条生路。我十分感激他们,想送给他们一些钱财。你去帮我借一千两黄金。"

他说着写出了九个人的名字。刘相一看,这哪里是什么富家朋友,全都是些武士,就立即明白了是怎么回事。一会儿,九个人穿着质地讲究的衣服,手中都端着一个托盘,陆续进来。

"您要的金子我们送来了,请大人过目!"九个人纷纷说道。

两位强盗眼看着大笔金子到手,得意忘形,连忙上去查看托盘里的钱财。九个武士趁机一拥而上抓住了一个强盗。另外一个见事情败露,眼看自己难逃一死,举起匕首自杀了。

事到临头不惊慌失措,方显镇定从容。从容是一种境界,需要修炼。惠能大师告诫弟子们说:"只有抛弃了内外、生死、善恶、是非、祸福、利害、明暗等一切相对,不偏执拘束于任何一端,人才能进入自由自在、无所羁绊的精神境界。"

从容是一种自信。因为有了自信,遇事才显得冷静、坦然,即便遇到突如其来的沉痛打击,也会镇定自若、泰然处之。从容是一种生活态度,从容地生活,要有从容的心态。

我们要学会处变不惊,遇事镇定,头脑冷静。任何一个事业上成功的人,遇事都能保持轻松从容的心情。成功的人在碰到逆境的时候,也能保持沉着、冷静的心态,想出解决问题的办法。

苏洵的《心术》有云:"为将之道,当先治心。泰山崩于前而色不变,麋鹿兴于左而目不瞬,然后可以制利害,可以待敌。"遇事不慌乱,冷静处理,从容应对,方是智者。

3.逆境知胸襟,顺境晓涵养

弘一法师说:"大事难事看担当,逆境顺境看襟度,临喜临怒看涵养,群行群止看识见。"这句话体现了弘一法师的道德修养,法师前半生是富家公子,事业有成,生活如意;后半生做和尚,苦研律宗,终成大师。做富家公子时已是社会名人,他以极高的修养,赢得世人的尊重。做和尚时,在艰苦的环境中,他仍然保持一颗平常心。

人生不如意事十之八九,有顺境也有逆境。然而人都是喜欢顺境,却不喜欢逆境。其实,顺境也好,逆境也罢,都是每一个人回避不了的人生问题。只是各人所遇到的程度不同罢了。能很好地处理这个问题的人,必然会有较好的收获。在逆境中要不断地修正自己,调整好方向;在顺境中,也要把握好自己,千万不能乐极生悲。

逆境可以看出一个人的胸襟和气度;而顺境则可看出一个人的涵养。一个拥有平和心态的人,既能接受顺境,也能接受逆境,无论是顺境或逆境,都能有博大的胸怀,显示出"任凭风吹浪打,胜似闲庭信步"的气度。但逆境更能锻炼人,逆境锻炼出来的人,才能经得起风吹浪打,才能有所担当。

明朝宰相张居正,从小聪明过人。13岁参加乡试时,他的答卷令所有考官拍案叫绝,然而时任湖广巡抚的顾玉麟却建议让张居正落第。

他解释说:"居正年少好学,吾观其文才志向,是个将相之才,如过早让

239

他发达,易叫他自满,断送了他的上进心。如果让他落第,虽则迟了三年,但能够使他看到自己的不足而更加清醒,促其发奋图强。"

这位巡抚的远见的确令人折服。后来,张居正果然成为中兴明朝的杰出政治家,他在险恶的环境中坚持革新政治,有一种不达目的不罢休的坚韧精神,这不能不说与他少年"落第"的逆境有关。

在逆境中奋起的人,都是有胸襟的人。他们不会因为看到别人做得比自己好,进步得比自己快,工资比自己多,职位比自己高,就心生嫉妒。一个有胸襟气度的人,在身处逆境的时候能够泰然自若,绝不会怨天尤人。因为在他的眼里,世间的事情从来都不会是一帆风顺,也不可能十全十美,所以他会把逆境当成是生活中必须走过的路。

身处逆境时要有开阔的胸襟,要忍耐,沉得住气,受得起委屈,坐得住冷板凳。这时的你虽没有机会,但也需要冷静观察,韬光养晦。在逆境中只要坦然自处,奋发有为,就有可能在时机成熟时,化不利为有利,成其大才。

以宽阔的胸襟和豁达的气度面对逆境。一个人遇到挫折打击时容易消沉自弃,尤其是原来处于优越社会地位和生活环境的人士,在突然遇到重大人生变故而面临逆境的巨大反差时,会更加痛苦悲伤,甚至万念俱灰。面对这样的痛苦,你必须以超然、旷达、乐观的人生态度去淡化,去释解,不要陷入痛苦悲观的泥潭中不能自拔,要坚定"黑夜总会过去,黎明终将来临","留得青山在,不愁没柴烧"的信念。

胸襟气度对一个人来说非常重要。古人说:"唯宽可以容人,唯厚可以载物。"逆境中的奋发有为,让人叹服;顺境中有涵养,更让人尊敬。

南非前总统曼德拉,年轻时因反对种族隔离制度被捕入狱,白人统治者把他关在荒凉的小岛上整整27年,3名看守总是寻找借口欺侮他。

1991年,曼德拉出狱并当选南非总统,当年在监狱看管他的3名看守也应邀参加了他的就职典礼,曼德拉还恭敬地向他们致敬。如此博大的胸襟让所有到场的各国政要和贵宾肃然起敬。

后来,曼德拉解释说,他年轻时性子很急,脾气暴躁,正是漫长牢狱岁月的悲惨遭遇给了他思考的时间,让他学会了控制自己的情绪,学会了如何处理自己的痛苦。磨难使他清醒,使他克服了个性的弱点,也成就了他最后的辉煌。

人处在逆境时,切记要忍耐;而人处在顺境时,切记要收敛。顺境时不可得意忘形,逆境时也不用颓废不振。对于外在的境遇,要做到收放自如,过犹不及。《菜根谭》中说:"居逆境中,周身皆针砭药石,砥节砺行而不觉;处顺境时,眼前尽兵刃戈矛,销膏靡骨而不知。"

在人生的道路中, 只有敢于正视逆境, 把逆境看成是严峻的考验和磨炼。始终坚定信心,积极利用各种可以利用的因素,做好准备,待时机成熟,奋力搏击,使逆境变成顺境。

顺境时要有感恩的心,感恩折磨你的人,因为他给了你坚强;感恩看不起你的人,因为他给了你动力;感恩帮助你的人,因为他给了你温暖。

4. 紧急的事,和缓地办

弘一法师摘录过一句话:"处难处之事愈宜宽,处难处之人愈宜厚,处至急之事愈宜缓。"

法师用这这句话向我们阐明了做人与处事的重要原则, 越是处理难处理的事情,越应该宽松;越是与不好相处的人在一起,越应该宽厚;越是处理紧急的事情,越应该和缓。

在日常生活中, 我们可能会遇到一些紧急的情况, 他们往往会令人慌乱、束手无策。在这个时候，如果你有镇定从容、临危不乱的素质，就有可能想出对策，让事情有一个更好的结果。

急事往往是突发事件，让人没有准备，急办肯定容易出错。缓办并不是拖着慢慢办，而是要认真、冷静地思考，找出更好的处理方法。对于那些紧急的事，就要办得和缓些，防止忙中出错。

钟会抵达成都后，决意谋反。他以为郭太后致哀为由，将胡烈等将领、官员请至蜀国朝廷，趁机将他们软禁起来，并举兵叛乱。钟会把卫瓘留在身边商量此事，在木片写上"欲杀胡烈等"给卫瓘看，卫瓘不答应，钟会就把卫瓘软禁了起来。

第二天，城外有些得到消息的军队已经准备要攻进钟会，却因卫瓘还在里面而不敢出兵。钟会想命卫瓘出去慰劳各军，卫瓘也打算趁此机会脱身，故意对钟会说："您是各军的统帅，应该自己前去。"钟会说："你是监军，应该让你先去，我随后就到。"

卫瓘于是下殿离开，钟会发现不对，开始后悔。钟会便派人去叫他回来，卫瓘说自己生病，并假装跌倒在地，后来抵达城外，钟会派几十名亲信去追。卫瓘便拿盐水来喝，让自己大吐。由于卫瓘本身就瘦弱，所以看起来像是患了重病，钟会所派的亲信和医生来看他，都说他病重不起，钟会于是未予理会。

等到天黑城门关闭后，卫瓘作檄文宣告诸军，各军也已经自动号召，约定隔天一早一起讨伐钟会。钟会率领所有士兵出战，城外诸军将钟会击败，平定了叛乱。

在《李叔同说佛》一书里，有一幅弘一法师写的条幅："缓事应急干敏则有功，急事宜缓办忙则多错。"对于突发事件，如果不能冷静处理，只会越办越糟。缓做是要审时度势，找准时机，不做则已，一做就干净利落，把事情妥善地处理好。

天下之事，大都讲究处之泰然，其中以"安详"二字为首要。但安详并非迟缓，而是从容、谨慎，在专注坚定中蕴涵着努力、奋斗和勇气。缓做不是形式，而是心态。需要我们有恒心，有毅力。

生活中的一些事情，如果众人都认为错，唯独你认为对，则要慢慢说服以改变形势，不可只顾按自己想的去做。对于不了解的事，不要胡乱怀疑，更不要轻易提出反对的见解。遇事时，切勿急躁，要思考清楚；想好后就赶紧行动，不要再延误。对于一些不急的事，你要赶紧做，早做就早出成果；而对于那些紧急的事，你就要办得和缓些，防止忙中出错。

世间的道路，无论有多艰险，我们都应该定心凝神，静以待之。

5.唾面自干，视为高人

弘一法师辑录过这句话："必有容，德乃大；必有忍，事乃济。"意思是说，必定要有容纳的雅量，道德才会广大；一定要能忍辱，事情才能办得好。在这里，弘一法师强调了忍耐的重要性。

我们每个人都应该具有忍耐的品质，对于想成就大事的人来说，忍耐就显得更加重要了。《金刚经》让我们忍辱时要离四相："须菩提，忍辱波罗蜜。如来说非忍辱波罗蜜，是名忍辱波罗蜜，何以故。须菩提，无我相，无人相，无众生相，无寿者相。是故须菩提，菩萨应离一切相。"这就是说，忍辱也是多余的，根本就没有辱，你忍的是什么？行菩萨道，就要觉悟、平等、慈悲。受辱生嗔，斤斤计较，那有什么慈悲可言？

在生活中，有些人一遇到侮辱，不论是有意的还是无意的，都会火冒三丈，有的反唇相讥，有的大打出手。因为受到侮辱而报复别人，会使自己受到两次伤害。一是别人侮辱你时，你觉得受了心理伤害，二是你报复别人时，受到法律制裁时的伤害。

古时,娄师德的弟弟将要到代州上任,辞别时,娄师德告诫他遇事忍耐,他弟弟说:"如果有人把唾沫吐在我脸上,我擦掉它算了。"

娄师德说:"这还不好,你擦掉它,就违反了人家要发泄怒气的原意,应该让它自己干。"

现实生活中,很多人一旦遇到挫折和打击,就会嗔念顿起,怒火中烧,这个时候,想想佛祖的忍辱告诫吧。忍辱不是叫你做缩头乌龟,而是学习乌龟的精神。忍辱不一定能成佛,但忍辱一定能消解你许多的烦恼!

寒山禅师曾经问拾得禅师说:"如果世间有人无端地诽谤我,欺负我,侮辱我,耻笑我,轻视我,鄙贱我,厌恶我,欺骗我,我要怎样做才好呢?"

拾得禅师回答他:"你不妨忍着他,谦让他,任由他,避开他,耐烦他,尊敬他,不要理会他。再过几年,你再看看他又是什么样的一副面目。"

寒山禅师又问:"此外还有什么处世的秘诀,可以躲避别人恶意的纠缠呢?"

拾得就告诉他:"我曾经看过弥勒菩萨偈,其中有两句是这样说的:'有人骂老拙,老拙只说好;有人打老拙,老拙自睡倒。涕唾在面上,随它自干了,我也省气力,他也无烦恼。'"

我们要提高自己的修养,遇到别人的侮辱时要学会忍耐,这样会减少很多烦恼和麻烦。生活中并不仅仅是小人才会侮辱人,那些品性一般的人有时候也会无意识地体现出不尊重或侮辱人的言行,我们要忍耐并宽容他们。

俗话说:"宁和君子打一架,不和小人骂一言。"对小人要敬而远之,因为小人心胸狭窄,爱斤斤计较,做事不择手段。生活中我们有太多需要忍耐的事情,事业失败需要忍耐,感情受挫需要忍耐,人生磨难需要忍耐,经济合作需要忍耐,人际关系需要忍耐,家庭生活同样需要忍耐。

在人生的历程中,我们会遇到一些需要忍耐的事情,借以历练自己的心智。羞辱本不是什么好事,但只要我们换种眼光、换个角度去看它,去对待它,然后认真去寻找它的价值所在,把它当作我们人生前行的动力。学会忍耐,在生命历程中实践忍耐,你就能够在不久的将来成就你的人生。

6.受到不公正待遇时,不可气急败坏

先哲云:"觉人之诈,不形于言;受人之侮,不动于色。此中有无穷意味,亦有无限受用。"这是弘一法师摘录的一句话,意思是说,感觉到别人欺诈的时候,不要说出来;受到别人不公正待遇的时候,不要在脸上显现出气急败坏的样子来。

弘一法师摘录的这句话既表明了自己的观点,也告诫我们世人,在为人处世方面——受到别人不公正的待遇时,不要在脸色上显现出气急败坏的样子来。这不仅显示出一个人的度量,更重要的是可以保护自己,有利于以后的发展。

浮山法远禅师初参归省禅师,被骂又被泼水、撒香灰。其他一同求学的僧人都纷纷离去,唯有法远禅师依然坚持,并最终被留下做了典座,负责寺院厨房的事务。

由于生活清苦,僧人不堪忍受,一次趁归省禅师外出之机,皆请求法远禅师煮粥改善生活。法远禅师一片慈悲之心,当下就煮了一锅六和粥,为大家改善伙食。结果归省禅师知道后,不但没收了法远禅师的衣钵归为常住所有,并且还将他赶出山门。

法远禅师只得借住在山下另一寺院的廊房里,后被归省禅师知道,又向

其索要房钱。法远禅师只得入城行乞,还了房钱。尽管如此,法远禅师依然对归省禅师恭恭敬敬,从无怨言。

通过这些考验之后,归省禅师确知法远禅师的忍辱波罗蜜已成,于是鸣钟告诉大众说:"叶县有古佛,汝等宜知之。"

大众便问:"古佛是谁?"

归省禅师道:"如远公,真古佛也。"

大众一听,都惊诧不已,于是盛排香华,入城迎请法远禅师回山。

归省禅师特地为法远禅师升堂,面付佛法。之后法远禅师于舒州兴国寺开堂接众,后住持浮山重兴天台宗,成为一代宗宿。

世间上什么力量最大?当然是忍耐的力量最大。当我们遇到不公正的待遇时,要先学会忍耐。佛陀说:"修道的人不能忍受毁谤、恶骂、讥讽如饮甘露者,不名为有力大人。"世间上的拳头刀枪,使人畏惧,不能服人,唯有忍耐才能感化顽强。

当我们遇到不公正待遇时,一定要保持冷静。我们要告诉自己,不公正的待遇难以避免,因此正确对待不公正待遇非常重要。我们只要能够认识到,在任何社会、任何时期,不公正待遇都难以避免这一事实,就能在受到各种冤枉和委屈时有足够的思想准备,正确对待,把挫折变为自己进步的动力。

常言说:"人生不如意之事,十有八九。"每一个人的生命历程中或多或少都会遇到一些不如意之事,也都会遇到一些不公正的待遇。在遇到这种情况时,愤怒还击并不可取,因为愤怒首先是不理智的行为,人在愤怒的时候往往会丧失正常的理智,以愤怒的方式去处理这个问题,只会使事情变得更加糟糕。

不公正待遇会使当事者的心态失去平衡,对他们的身心造成严重困扰。很多人在受到不公正待遇之后,往往会一蹶不振,从此消沉下去,这也是不可取的。遇到不公正待遇时,我们首先要让自己冷静,然后再思考如何做才能让自己的利益最大化，这是一个成功人士应该具有的素质！

人生最大的敌人是自己。人要想超越他人，要想成功，就必须先超越自己，尤其要学会战胜挫折和困难，学会正确应对和处理生活工作中遇到的不公正待遇。

我们面对不公平待遇的时候，更应该调整好自己的心态，用积极、乐观的态度来工作生活。我们没有能力改变这个社会，但我们却可以改变自己。其实有一句话说得很对："面对不公平的东西，不要抱怨，你的不公平可能恰恰是别人的公平。"所以，不如去努力地奋斗，为自己争取到最合适的公平。

第十六课

谦卑：学一分退让，讨一分便宜

1.世人谤我，只需微微一笑

弘一法师最喜欢对弟子们说的一句话便是："遇谤不辩。"并且一再告诫弟子们在面对诽谤时一定要保持应有的理智。

一个年轻人找到释济大师说："我只是读书耕作，从来不传不闻流言蜚语，不招惹是非，但不知为什么，总是有人用恶言诽谤我，用蜚语诋毁我。如今，我实在有些经受不住了，想遁入空门，削发为僧以避红尘，请大师您千万收留我！"

释济大师听他说完，说道："施主何必心急，同老衲到院中捡一片净叶你就可知自己的未来了。"释济将年轻人带到小溪边，顺手从菩提树上摘下一

248

枚菩提叶，又吩咐一个小和尚去取一个桶和一个瓢来。小和尚很快照办。

大师手拿着树叶对年轻人说："施主不惹是非，远离红尘，就像我手中的这一净叶。"说着，他就将那一枚叶子丢进桶中，又指着那桶说："可如今施主惨遭诽谤、诋毁，深陷尘世苦井，是否就如这枚净叶深陷桶底呢？"

年轻人叹口气，点点头说："我就是桶底的这枚树叶呀。"

释济大师从溪里舀起一瓢水说："这是对施主的一句诽谤，企图是打沉你。"说着就将那瓢水浇在桶中的树叶上，树叶在桶中荡了又荡，便漂在了水面上。

释济大师又舀起一瓢水说："这是庸人对你的一句恶语诽谤，企图要打沉你，但施主请看这又会怎样呢？"说着又倒下一瓢水浇在桶中的树叶上，但树叶晃了晃，还是漂在了桶中的水面上。

年轻人看了看桶里的水，又看了看水面上浮着的那枚树叶，说："树叶秋毫无损，只是桶里的水深了，而树叶随水位离桶口越来越近了。"释济大师听了，点点头，又舀起一瓢瓢的水浇到树叶上，说："流言是无法击沉一枚净叶的，净叶抖掉浇在它身上的一句句蜚语，一句句诽谤，净叶不仅未沉入水底，反而随着诽谤和蜚语的增多而使自己渐渐漂升，一步一步远离了渊底了。"释济大师边说边往桶中倒水，桶里的水满了，那枚菩提叶也终于浮到了桶面上。

释济大师望着树叶感叹说："再有一些蜚语和诽谤就更妙了。"年轻人听了，不解地望着释济大师说："大师为何如此说呢？"释济笑了笑，又舀起两瓢水浇到桶中的树叶上，树叶漂到小溪里。

释济大师说："太多的流言蜚语终于帮这枚净叶跳出了陷阱，并让它漂向远方的大河、大江、大海，使它拥有更广阔的世界了。"

年轻人高兴地对释济大师说："大师，我明白了，一枚净叶是永远不会沉入水底的。流言蜚语、诽谤和诋毁，只能把纯净的心灵淘洗得更加纯净。"释济大师欣慰地笑了。

《六祖坛经》中说："心量广大，犹如虚空。"但有些人的心量却非常狭小，遇到一点点小事就痛苦得不得了，到处造谣毁谤别人。对这样的人，我们要敬而远之，不辩不解，他说得没意思了，自然就不会再说了。

我们都知道，有时候一些诽谤，都是无中生有，或者上纲上线，而那些诽谤者，都是居心叵测，有时候是为了捣乱，有时候是为了报复，有时候甚至是为了哗众取宠。而对于这样的诽谤者，我们不需要和他们去斤斤计较，因为终有一天，那些诽谤者会为此付出相应的代价的。不去和诽谤者计较，用宽容的心态去对待整个事件和人，不是为了别人好，而是对自己有很大的好处。有时候，"吃亏"也会是一件好事。

走自己的路，让别人去说吧。总有一天真相会大白的。所以，面对诽谤、愤怒或者争辩，都是无用的。我们也不用担心，谣言自会止于智者。有时候，我们也需要反省自己，所谓无风不起浪，造谣诽谤自己的人固然可恨，但是我们自己的行为是不是也有做得不到位的地方呢？我们要光明正大地做人，不给爱造谣的人留下借口。

提高自我修养，开阔自己的心胸，做一个有度量的人。在听到别人对自己的诽谤时微微一笑，只当作耳畔清风，这样我们就会减少很多烦恼。

2.炫耀是做人的最大障碍

弘一法师在《格言别录》中辑录了"盖世功劳，当不得一个矜字。弥天罪恶，当不得一个悔字"这句话。意思是说，做事情时立下了功劳，自己当然感到高兴，这是人之常情，但一定不能居功自傲，到处炫耀，如此才能避免不必要的麻烦。如果不懂这个道理，将来后悔莫及。法师摘录这句话的目的是要提醒我们，做事要高调，做人要低调，居功不自傲，不炫耀。

有些人不懂得这些道理。立下功劳以后,往往会觉得自己很了不起,生怕别人不知道,四处炫耀,不把别人放在眼里。殊不知,这样的行为背后隐藏着很大的危险。

在这个个性张扬的时代,每一个人都希望能突出自我,当你满怀期望地想在他人面前好好炫耀一下时,或许根本就没有多少人理睬你、称赞你,你所能得到的只是别人的嫉妒与冷嘲热讽。如果你想赢得他人更多的爱戴与尊重,那么你就应该努力去为别人带来帮助与快乐,而不要以一种炫耀的方式去刺激别人、伤害别人。

一个有才华的少年,摆出美味佳肴来宴请客人。一个道人入座不久,突然笑了起来,少年问他:"请问道长在笑什么?"

道人回答说:"我看到五万里外的山,山下有条河,有只顽皮的猴子掉入水中,所以忍不住笑了。"

少年知道他在吹嘘,也不说破,只让人在其他客人的碗上盛满各种好菜,却将饭盖在菜上端给道人,因而他的碗中,只见饭不见菜。

这位道人看了,发脾气索性不吃了,少年问他为何不吃呢?他瞪眼怒道:"碗里没菜,怎么吃?"

少年反问:"你看得见五万里外的猴子,怎不见眼前饭底下有菜呢?"

这位道人又羞又怒,赶紧跑了。

生活中,有些人认为自己比别人技高一筹,事事比人强。因此,总是喜欢把得意挂在嘴上,逢人便炫耀自己如何能干、如何富有,根本不顾及别人的感受,甚至完全不顾及当时的听者是不是正处在失意当中。他们夸夸其谈后,总以为能够得到别人的敬佩与欣赏,而事实上,别人并不愿意听他们的得意之事,自我炫耀的结果往往会适得其反。

在别人面前炫耀你的得意,尤其是在失意者面前炫耀,会让对方认为你是在嘲笑他的无能,让他产生一种被比下去的感觉,让失意的人更加恼火,

251

甚至讨厌你。

一个人取得成绩,首先可以肯定的是这是他自己努力的结果,但也少不了别人的帮助。你在炫耀自己的成绩时,就是对帮助过你的人是一种伤害,因为你的眼里只有自己,而没有别人,可以想象得到,以后别人还会不会向你伸出援助之手?

山不炫耀自己的高度,并不影响它的耸立云端;海不炫耀自己的深度,并不影响它容纳百川;地不炫耀自己的厚度,但也没有谁能取代它承载万物;大自然从来不解释自己的伟大,并不影响它孕育万物。

深藏不露,是智谋。过分地炫耀自己,就会经受更多的风吹雨打,暴露在外的椽子自然要先腐烂。一个人如果不合时宜地过分炫耀、卖弄,那么不管他多么优秀,都难免会遭到明枪暗箭的打击和攻击。所以在处于被动境地时,一定要学会藏锋敛迹、装憨卖乖,千万不要把自己变成对方射击的靶子。

做人要低调,因为低调是一种风度,一种修养,一种胸襟,一种智慧,一种谋略,是做人的最佳姿态。炫耀自己是对别人的不宽容,当你春风得意时,别人可能正处于人生低谷。欲成事者必须要宽容于人,进而为人们所悦纳、所赞赏、所钦佩,这正是人能立世的根基。低调做人,就是要不喧闹、不矫揉、不造作、不故作呻吟、不假惺惺,不卷入是非、不招人嫉,即使你认为自己满腹才华,能力比别人强,也要学会藏拙。

得意时不忘形,得意时少说话,而且态度要谦卑,这样才会赢得朋友们的尊敬。简·奥斯丁说:"我不讨厌愚蠢之人,但我讨厌明明愚蠢却还在炫耀和卖弄自己的愚蠢的人。"

即使有了成就也不炫耀自己,因为炫耀是不明智的行为,它会妨碍我们的人生和事业。而一个谦逊的人才是一个真正懂得积蓄力量的人,谦逊能够避免给别人造成太张扬的印象,这样的印象恰好能够使一个人在生活、工作中不断积累经验与能力,最后达到成功。

亚洲首富李嘉诚曾对他的儿子说过一句训话:"树大招风,低调做人。"

成功人士懂得"风头不可出尽,便宜不可占尽"的道理。用低调来保持自己的成功,这可谓是一种聪明的做人哲学。

3.多一分恭敬,就多一分福慧

印光法师说:"欲得佛法实益,须向恭敬中求,有一分恭敬,则消一分罪业,增一分福慧。"弘一法师很赞同这个观点,并以自己的实际行动去恪守这一点。这句话的意思是说,要想从佛理中得到实际的好处,就必须以恭敬的态度感悟它,有一种恭敬的态度,就可以消除一些罪业,获得一些福业。

要想得到福慧,就要对别人恭敬;要想对别人恭敬,就要做一个谦虚的人,因为只有谦虚的人才能对人恭敬。弘一法师就是一个谦卑、恭敬的高尚之人,也正因为他具有这种胸襟和态度,才使得他能受到世人的尊敬和景仰。有人说:"谦卑是智慧的开始,恭敬是福气的源泉。"这句话是很有道理的。

弘一法师想拜寂山长老为师,寂山长老感到十分不安,他认为弘一法师声名远扬,而自己佛学修为甚浅,于是再三推辞,不肯接受。弘一法却越发谦虚恭敬,再三恳求,又请别人劝说,寂山长老这才答应下来。拜师的那一天,弘一法师按照拜师的礼仪去拜见寂山长老。后来,他又郑重其事地在报上刊登声明,并且此后无论在何种场合,或者书信往来,均以师礼待之。

对人多一分恭敬,自己就收获一分福慧。所以,在日常人际交往中,要想获得更多的福慧,就要努力做到以恭敬的态度对人。谦虚是终生受益的美德,它能让你赢得他人的尊重,我们要培养自己谦虚待人的态度。

有四个年轻人,喜欢结伴出行。有一天,他们一起出城,途中坐在路边休息。这时,有一位猎人打猎回来,车上装了许多猎物。

四个年轻人看到满载猎物的马车驶来，其中一个站起来说："我向猎人要块肉去。"话音刚落，他已经走到马车前，很不礼貌地说："喂！打猎的，割块肉给我！"

猎人见这个年轻人如此傲慢无礼，便不卑不亢地回答："向人索要东西，怎么能以这样的口气呢？要和气换和气才对呀！我不会拒绝你的要求，但是会按照你的言辞来决定给你哪一块肉。"说完这番话，猎人便念了一首偈语："公子索要肉，出言欠和逊。按君言粗鲁，只配得筋骨。"第一个人拿着猎人给他的鹿骨，悻悻地回来了。

第二个人也站起来向猎人要肉，他来到猎人面前，和颜悦色地说："大哥，能给我一块肉吗？"猎人笑着说："当然可以，我也会按照你的言辞来决定给你哪一块肉。"接着，猎人又念了一首偈语："人说红尘中，兄弟手足情。按君言辞和，送君鹿腿肉。"第二个人高兴地回到路边。

第三个人来到猎人面前，满脸笑容，用温和、尊重的语调说道："老爹，请给我一块肉好吗？"猎人也报以一笑，很爽快地说："我也会按照你的言辞决定给你哪一块肉的。"说完，他又念了一首偈语："呼我一声爹，为父心头颤。按君言辞敬，赠君心头肉。"第三个人愉快地回到朋友们身旁。

第四个人也来到猎人面前，含着亲切的微笑，诚恳而又尊敬地说："朋友，打猎辛苦了。能否赏我一块肉？"猎人也礼貌地微微颔首道："没问题，朋友，我将会按照你的言辞来决定给你哪一块肉。"第四次念起偈语："村中苦无友，犹孤居森林。按君言辞美，赠君倾我车。"

猎人恐怕年轻人没听清楚，再次强调："朋友，上车来吧！我要将这整车猎物都送到您家里去。"第四个人也不客气，让猎人驾车把满车的鹿肉送到自己家。

同样是向一位猎人索要猎物，却因为态度不同，结果也大不相同。这告诉我们，对人多一分恭敬，自己就收获一分福慧。在日常人际交往中，要想获得更多的福慧，就要努力做到以恭敬的态度对人。

凡是不谦虚的人,总是会遇到一些吃亏的地方,能够谦虚的人一定能够得到利益,这就是做人的道理。对于自满、自大、傲慢的人,人们总是讨厌他,而对于谦虚的人,人们总是会喜欢他。《尚书正义》解释"满招损,谦受益"说:"自以为满,人必损之;自谦受物,人必益之。"

只有谦虚的人,可以承受福慧。那些满怀傲气的人,一定没有远大的器量,就算能发达,也不会长久地享受福慧。谦虚是一种智慧,是为人处世的黄金法则,懂得谦虚的人,必将得到人们的尊重,受到世人的敬仰。

4.暂时的忍让并不会让你失去什么

弘一法师说:"忍与让,足以消无穷之灾悔。古人有言:'终身让路,不失尺寸。'"这句话的意思是:忍让可以消除无尽的灾难与后悔。古人有句话说:即便一生都给别人让路,自己也不会失去一尺一寸。

俗语说:"斗气之害,其害莫大。"古今中外,多少人间悲剧就是因为人与人之间争强斗胜、不能相互忍让而发生,多少人因情绪偏激、不能忍一时之气而付出高昂的代价,他们或自毁前程,或抱憾终身,或付出生命代价。弘一法师告诫我们:凡事要懂得忍让。在法师看来,在很多情况下,忍让才是解决问题的最好办法,善于忍让的人往往更容易左右逢源,纵横捭阖。

忍让是一种气度,更是一种智慧。古人说:"忍一时风平浪静,退一步海阔天空"。在很多情况下,忍让往往是制胜的法宝。忍让是一种崇高的人生修养。一个人拥有忍让的智慧,就能够面对荣辱的时候宠辱不惊,心静如水。忍让是一种豁达的人生态度。忍让具有一种神奇的力量,它能够化干戈为玉帛,化冲突为祥和。

有一个绅士要过一座独木桥,当他走上桥时,迎面走来一位孕妇,于是他立即退回去,让孕妇过了后再上桥。

当他第二次走到桥中间时,对面走来一位挑柴的樵夫,绅士又退回让樵夫先过去。

绅士再也不敢贸然上桥了,他等桥上的人全过去后,才重新上桥。当他要走到桥头时,那边走来了一个推独轮车的农夫。这时他再也不愿让路了,于是把帽子拿着挥道:"你退回去,让我先过吧!"农夫说:"我要赶集,你让我先过。"就这样话不投机,他们互不相让,在桥上吵了起来。

这时,桥下有一小船划过来,舟上坐着一位僧人。就这样他们不约而同找僧人评论。僧人问农夫:"你为什么不让绅士先过去呢?你只退几步,他就过了,你不也想早点过桥去赶集吗?"农夫低头无语。

僧人又问绅士,绅士说:"我已经让了很多人先过去了,如果再让我就会过不了桥了。"僧人问道:"那你现在过桥了吗?既然你已经让了那么多人,为什么不再让他先过呢?这样你既保持了你绅士的风度,又不留下话柄。"绅士听后也感到无地自容,惭愧地低下了头。

生活就是一种妥协,一种忍让,一种迁就。强硬有强硬的好处,忍让有忍让的优势,任何时候,都需要我们审时度势,适宜而为。妥协不一定全是软弱,忍让也不一定就是无能。有时候,迁就忍让也是一种智慧。

忍让不是怯懦,不是回避风险或是逃避某种责任。我们的生活正是因为有了各种方式的宽容和恰到好处的忍让,才有了心灵的沟通,才有了矛盾的化解,才有了心胸的坦荡,才有了事业的成功。

在我国历史上,出现过许多善忍的优秀人物,至今,人们还在传颂着他们的故事。在诸多"忍让"的历史故事中,最著名的当数廉颇与蔺相如的"将相和"了。蔺相如从大局出发,容忍廉颇的挑衅,正是他的大度感动了廉颇,化解了他们之间的矛盾,使得两个人成为好朋友,更重要的是他们也因此而保全了赵国的利益。

从古至今,忍让都是为人称颂的美德。遇到矛盾,忍让是一剂润滑油;遇到纷争,忍让是一首和谐曲;遇到猜疑的坚冰,忍让是消融的阳光;遇到隔阂的鸿沟,忍让是沟通的桥梁。因为忍让,怨恨可以化为云烟;因为忍让,干戈可以化为玉帛。可见,忍让并不会让你真的失去什么,相反却可以带来很多利益,所以我们要学会做一个善忍的人。

学会了忍让,我们就有更多的方式锻炼自己的坚强意志,丰富自己的人生阅历。遇到寻常小事也好,惊天动地的大事也好,我们都能泰然自若、应对自如,何乐而不为呢?

5.委婉含蓄地指出别人的过错

弘一法师摘录过一句话:"吕新吾云:'愧之则小人可使为君子,激之则君子可使为小人。'"意思是说,指出别人的过错使他从心底里感到惭愧,这样小人也可以成为君子,如果采用过激的方法,君子也会变成小人。

在面对犯了过错的人时,一般人最经常的做法是大声痛斥,把对方臭骂一顿,狠批一通。这种过激的批评人方法,是极端错误的。尽管你说的是对的,指出别人的错误也是出于好心,但是你的这种方式却伤害了别人的自尊心,对方很可能不仅不感激你,甚至怨恨你。这样不但不能帮助到别人,可能会伤害彼此的感情。

弘一法师摘录的这句话,就是告诫我们要注意批评人的方式。我们在批评人时,不要"激之则君子可为小人",而是要"愧之则小人可使为君子"。弘一法师出家前,在浙江第一师范任教时,对犯错误的学生,就是用委婉含蓄的批评方式。

有一次下课,某同学把教室的门关重了,发出很大的声音。弘一法师走出来,和气地叫住他,说:"下次走出教室,轻轻地关门。"然后对他一鞠躬,再把门轻轻地关上。

平时上音乐课时,大家常环立在琴旁,看弘一法师示范。有一次弘一法师正在弹奏,某同学放了个屁,臭不可闻,人人掩鼻,弘一法师只是眉头一皱,仍旧自顾自地弹琴。下课时,弘一法师站起来说:"以后放屁,到门外去,不要放在室内。"接着向大家一鞠躬,表示下课了。

委婉含蓄的表达是一种语言的艺术,比口无遮拦、直截了当地说更能体现人的语言修养。直言不讳、开门见山虽然简单明了,但给人的刺激性太大,容易伤害对方的自尊心。

对犯错误的人,用委婉含蓄的批评方式是一种策略,也就是在讲话时不直述其本意,而是用曲折的方法加以烘托或暗示,让他人通过自己的思考而得出结果,从中揣摩出深刻的含义。同时,也尊重他人的感受,不作无谓的伤害。委婉含蓄的语言,既是劝说他人的法宝,又能适应人们心理上的自尊感,容易产生赞同。

有时候,说话太直接了,会让人难以接受。很多情况下,就算你的观点是对的,但是说话的方式不对,也有可能会引起别人的反感。人是感情动物,当你伤害了别人的自尊时,别人自然会觉得不舒服。如果换一种方式批评,也许会有截然不同的效果。

禅师外出时遇到一个流浪儿,这小孩很是顽皮,但也十分聪明。于是,禅师把他带回了寺院,让他当了寺院的小沙弥。

禅师一边关照小沙弥的生活起居,一边因势利导教他做人的道理。慢慢地,禅师发现小沙弥虽然聪明伶俐,但心浮气躁,骄傲自满。于是,他决定点化一下聪明的小沙弥。

一天,禅师送给小沙弥一盆含苞待放的夜来香,让他在值更的时候,注意观察夜来香开花的过程。

第二天一早,小沙弥欣喜若狂地抱着那盆夜来香来上早课,并当着众僧的面大声地对禅师说:"您送给我的这盆花太奇妙了!它晚上开放,清香四溢,可是到了早晨,它又收敛起了美丽的花瓣。"

听完小沙弥的叙说,禅师点了点头,用温和的语气问道:"它晚上开花的时候没有吵到你吧?"

"没有,"小沙弥依然兴奋地说,"它的开放和闭合都是静悄悄的,哪会吵到我呢?"

"哦,原来是这样啊,"禅师以一种特别的口吻说,"老衲还以为花开的时候得吵闹炫耀一番呢。"

小沙弥怔了一下,脸"唰"地红了,嗫嚅着对禅师说:"弟子明白了,弟子一定痛改前非!"

对犯错误的人大声痛斥是教育人,滔滔不绝的说教也是教育人,让对方幡然醒悟也是教育人,而且是更巧妙的教育人。说它巧妙,是因为它能够无声胜有声,让受教育的人自己认识到自己的错误,从而心悦诚服地接受批评,然后认真改正,这不是正是达到教育人的目的了吗?

委婉含蓄,是一种巧妙和艺术的表达方式。在生活中,当我们很想表达一种内心的强烈愿望,但又觉得难以启齿时,不妨借助于"委婉含蓄"。委婉含蓄是一种情趣,一种修养,一种韵味。缺少情趣,缺乏修养,没有味道的人,难有委婉含蓄。

指出别人错误的时候要用委婉的方式,以激发起他人的羞愧之心,并使之心存感激,从而使其更积极努力地去纠正自己的错误,岂不是比大声训斥的效果更好?